Bötzl/Martin

Baustatik in Beispielen und Aufgaben

Teil 4 Einflußlinien

Baustatik in Beispielen und Aufgaben

Teil 4 Einflußlinien

Prof. Dipl.-Ing. Josef Bötzl
Prof. Dipl.-Ing. Heinz-Dieter Martin

Zweite, neubearbeitete Auflage

VDI-Verlag GmbH

Verlag des Vereins Deutscher Ingenieure · Düsseldorf

CIP-Titelaufnahme der Deutschen Bibliothek

Bötzl, Josef:
Baustatik in Beispielen und Aufgaben/Josef Bötzl; Heinz-Dieter Martin. – Düsseldorf: VDI-Verlag.
   Teilw. mit d. Angabe: Bötzl – Martin. – Teilw. im Schroedel-Verl.,
   Hannover, Dortmund, Darmstadt, Berlin
   Frühere Aufl. u.d.T.: Bötzl, Josef: Baustatik in Beispielen
NE:Martin, Heinz-Dieter:

Teil 4. Einflußlinien. – 2., neubearb. Aufl. – 1989
   ISBN-13: 978-3-540-62382-3   e-ISBN-13: 978-3-642-48405-6
   DOI: 10.1007/978-3-642-48405-6

Vorwort zur zweiten Auflage

Der vierte Teil der Sammlung von Beispielen und Aufgaben aus dem Gebiet der Baustatik behandelt in einer geschlossenen Darstellung die Ermittlung von Einflußlinien an den verschiedensten Tragwerken, wobei in der vorliegenden Neubearbeitung alle in letzter Zeit vorgenommenen Änderungen in den entsprechenden DIN-Blättern und den Vorschriften der Deutschen Bundesbahn (vgl. S. 126) berücksichtigt wurden.
Die Ermittlung von Einflußlinien, die für die Bestimmung ungünstigster Laststellungen von rollenden Verkehrslasten und deren Wirkung erforderlich sind, wird in einer umfassenden Zusammenstellung an allen wichtigen statisch bestimmten und statisch unbestimmten Tragwerken sowie Fachwerken dargestellt. Außerdem werden unter Hinweis auf die entsprechenden Vorschriften und Normenblätter Lastaufstellungen und Auswertungen durchgeführt und Grenzwertlinien ermittelt.
Jedem Kapitel sind wie bisher kurze Erklärungen des behandelten Stoffes mit allen notwendigen Formeln vorangestellt. Über die Hälfte aller Beispiele sind vollständig durchgerechnet und ausführlich erläutert, während die restlichen Aufgaben mit Lösungshinweisen und Ergebnissen versehen sind, wodurch Wissensstand und Leistungsfortschritt laufend überprüft werden können. Am Ende des Buches ermöglichen ein Sach- und Namenverzeichnis, eine Formelsammlung, eine Zusammenstellung der einschlägigen Vorschriften sowie Literaturhinweise eine schnelle Orientierung.
Möge auch dieser Teil die gleiche gute Aufnahme in Fach- und Kollegenkreisen wie die vorausgegangenen Bücher finden und den Studierenden gute Dienste leisten; für Anregungen sind wir stets dankbar. Dem VDI-Verlag gebührt besonderer Dank für die bereitwillige Erfüllung unserer Wünsche und für die gute Ausstattung des Buches.

Nürnberg, im August 1988 *Die Verfasser*

Inhaltsverzeichnis

* Die Beispiele mit eingerahmter Zahl sind vollständig durchgerechnet und erläutert;
alle anderen haben Lösungshinweise und Ergebnisse.

VIII

Beispiel   Seite   **Beispiel**   Seite

1. Grundlagen

1.1. Die beweglichen Verkehrslasten

In „Baustatik in Beispielen und Aufgaben" Teil 1 bis 3 wurden als Belastungen neben den ständigen Lasten nur vorwiegend ruhende Verkehrslasten, wie sie bei den Hochbauten vorgeschrieben sind, behandelt, wobei gleichmäßig verteilte Verkehrslasten stets als feldweise veränderlich anzunehmen sind (vgl. Teil 1, Zi. 8.2. und 12.2). Nunmehr soll die Wirkung bzw. der Einfluß von Verkehrslasten ermittelt werden, die laufend ihre Stellung ändern, also keinen ortsfesten Angriffspunkt haben. Solche rollenden Lasten, deren Größen meistens für angenommene Regelfahrzeuge so festgelegt sind, daß ihre Wirkung auf die Konstruktionsteile jene der wirklichen Fahrzeuge des öffentlichen Verkehrs nicht nur ersetzt, sondern in einem wirtschaftlich vertretbaren Maß übertrifft, treten auf:

1.1.1. Bei befahrenen Decken

Bei Decken in Werkstätten und Lagerräumen, auf denen Gabelstapler eingesetzt werden, gelten die Vorschriften der DIN 1055 Teil 3 Zi. 6.3.1.[1] mit den dort angegebenen Regellasten und Abmessungen (vgl. Wendehorst. 22. Aufl. S. 154). Sie gelten ferner für befahrene Decken von Kraftwagenräumen sowie bei Durchfahrten und befahrenen Hofkellerdecken, wonach diese Decken mindestens für die Decken der Brückenklasse 6 der DIN 1072 zu berechnen sind; abweichend hierzu ist die Fläche außerhalb der Hauptspur mit einer gleichmäßig verteilten Flächenlast zu belasten. Muß mit schweren Fahrzeugen, wie z. B. Fahrzeugen der Feuerwehr, gerechnet werden, gelten die Lastannahmen der Brückenklasse 12. Vgl. Beispiel 46.

1.1.2. Bei Straßen und Wegbrücken

Straßen und Wegbrücken werden nach DIN 1072 Zi. 3.3. entsprechend ihrer Belastbarkeit in die Brückenklassen 60/30 und 30/30 eingeteilt, die den verschiedenen Verkehrswegen wie Autobahnen, Bundesstraßen bis zu den Wirtschaftswegen zugeordnet sind. Auf jeder Brücke ist unabhängig von der Anzahl der Fahrspuren und dem Vorhandensein eines Mittelstreifens nur eine Hauptspur HS und eine Nebenspur NS an der für das Bauteil ungünstigsten Stelle auf den Fahrbahnen, im allgemeinen parallel zur Richtung der Fahrbahnachse anzunehmen. In der Klasse 60/30 sind die HS mit einem dreiachsigen Schwerlastwagen SLW von 600 kN und auf der NS mit einem von 300 kN und in der Klasse 30/30 beide Spuren mit 300 kN zu belasten. Vor und hinter den SLW sind auf der HS eine Flächenlast von $p = 5$ kN/m² und auf der NS sowie allen übrigen Flächen zwischen den Geländern eine von $p = 3$ kN/m² anzusetzen. Vgl. Beispiel 24.

---

[1] Zusammenstellung der DIN-Blätter und Literaturhinweise auf Seite 125 und 126.

1.1.3. Bei Eisenbahnbrücken

Für die Berechnung gilt die DS 804 der Deutschen Bundesbahn „Vorschrift für Eisenbahnbrücken und sonstige Ingenieurbauwerke (VEI)", wonach bei allen Eisenbahnbrücken anstelle der wirklichen Betriebslasten als theoretischer Lastenzug das Lastbild UIC (vgl. Bild 30) und bei Brücken auf Strecken mit Schwerwagentransporten zusätzlich das Lastbild SSW anzusetzen sind. Ferner sind bei Durchlaufträgern ergänzend zum UIC 71 die Schnitt- und Stützgrößen für das Lastbild SW (vgl. Bild 110) zu ermitteln. Die Lastenfolge darf nicht umgestellt, jedoch das Lastbild UIC 71 gekürzt oder geteilt werden; entlastend wirkende Lasten sind wegzulassen. Die Lastbilder SSW und SW dürfen weder geteilt noch gekürzt werden. Vgl. Beispiele 5, 25 und 50.

1.1.4. Bei Kranbahnen

Die Berechnung richtet sich nach den verschiedensten Kranarten entsprechend DIN 15 018 Teil 1 „Krane", die nach Hubmöglichkeiten in die Hubklassen H 1 bis H 4 sowie nach Spannungsspielbereichen in die Gruppen B 1 bis B 6 eingestuft werden. Die Verkehrslasten von Kranlaufrädern sind nach DIN 4132 „Kranbahnen" die ungünstigsten Radlasten aus ständiger Last und Hublast, die jeweils in die ungünstigste Stellung zu bringen sind; ohne Hublast ist zu rechnen, wenn dies größere Werte ergibt. Die zu berücksichtigenden Einflüsse aller Art müssen nach Zi. 6.4 vom Bauherrn verbindlich angegeben und der Festigkeitsberechnung beigefügt werden.

1.2. Schwingbeiwerte

Durch die Antriebseinrichtungen der Fahrzeuge und durch Unebenheiten der Fahrbahnen werden die Tragwerksteile stoßweise beansprucht und geraten in Schwingungen; durch Schwingbeiwerte φ wird diese Wirkung berücksichtigt. Bei Eisenbahnbrücken sind die Lager- und Schnittkräfte, die aus der ungünstigsten Stellung als ruhend anzunehmender Verkehrslasten herrühren, mit dem Schwingbeiwert zu vervielfachen, während bei Straßenbrücken sowie befahrenen Decken die Lasten auf der Hauptspur und bei Kranen die Radlasten mit φ zu multiplizieren sind. Ihre Größe ist von der Art der Bauwerke, der Stützweite, Spurenzahl und anderen Faktoren abhängig und aus folgenden Vorschriften zu entnehmen:

DS   804   Tabelle 4 und Abs. 48–50
DIN 1055   Zi. 8.
DIN 1072   Zi. 3.3.4.
DIN 1073   Zi. 1.2.1.
DIN 1074   III § 6
DIN 1075   Zi. 3.
DIN 4132   Zi. 3.1.3.

Vgl. Zusammenstellung auf Seite 126.

2

1.3. Die Einflußlinien

1.3.1. Ihr Zweck

Bei ruhender Belastung entstehen in jedem Querschnitt eines Tragwerks innere Kräfte
(Querkräfte, Längskräfte, Biegemomente) von ganz bestimmter Größe, deren Verlauf
über das Tragwerk durch die Q-, N- und M-Linien dargestellt wird. Aus ihnen sind sofort
die Grenzwerte dieser inneren Kräfte und damit auch die Lage der am stärksten bean-
spruchten Querschnitte zu ersehen. Anhand dieser Schnittkraftlinien, die auch als
Zustandslinien bezeichnet werden, erfolgt die Querschnittsbemessung und der Spannungsnachweis.
Bei beweglicher Belastung entstehen in irgendeinem Tragwerksquerschnitt mit jeder
Stellungsänderung der Last veränderte innere Kräfte. Aus den vielen möglichen Laststellungen müssen nun die beiden gefunden werden, die an dieser Tragwerksstelle den größten und den kleinsten Grenzwert der gesuchten Schnittkraft ergeben. Hierzu dienen die
Einflußlinien, die sowohl für alle Kraftgrößen als auch für Formänderungsgrößen ermittelt und durch deren Auswertung die Grenzwerte bestimmt werden können.

1.3.2. Ihre Definition

Eine Einflußlinie gilt immer nur für eine ganz bestimmte, aber beliebig wählbare Tragwerksstelle, und sie stellt dar, wie sich irgendeine statische Größe (Q, N, M, f) dieses
Querschnitts durch eine rollende dimensionslose Einzellast $P = 1$ verändert, zeigt also an,
welchen Einfluß sie auf diese statische Größe ausübt. Aus der in Bild 1 dargestellten EL
für die Auflagekraft A eines dreifeldrigen Durchlaufträgers ist z. B. zu ersehen, daß A für
jede Stellung der Last im ersten oder dritten Feld positiv und für jede Stellung im zweiten
Feld negativ wird. Befindet sich die Last $P = 1$ gerade über dem Auflager A, so entsteht
dort eine Lagerkraft $A = 1$, während sie Null wird, wenn die Last über den anderen

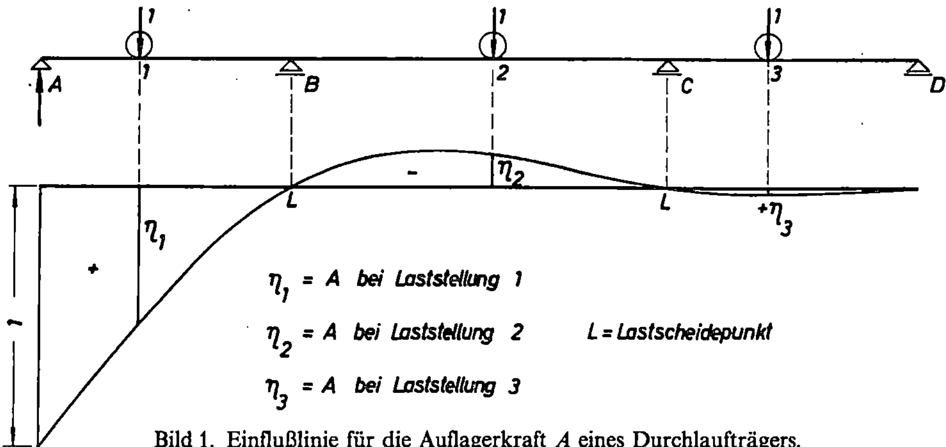

Bild 1. Einflußlinie für die Auflagerkraft A eines Durchlaufträgers.

Lagern B, C oder D steht. Werden nun für eine Reihe von Laststellungen auf dem Durchlaufträger die jeweiligen Auflagerkräfte A berechnet und als Einflußordinaten η unter den zugehörigen Lastangriffspunkten aufgetragen, so ergibt die Verbindungslinie aller Ordinatenendpunkte die EL für A. Dabei ist es üblich, positive Ordinaten von einer Grundlinie nach unten, negative nach oben abzutragen. Die dadurch entstehenden Flächen werden Einflußflächen genannt und die Schnittpunkte der EL mit der Grundlinie als Lastscheidepunkte bezeichnet.

Den Unterschied zwischen Zustandslinien und Einflußlinien für Querkräfte und Biegemomente an einem Träger auf zwei Stützen veranschaulicht Bild 2. Links sind die Q- und die M-Linie für eine Last $P = 1$ im Abstand ξ_1 von A und rechts die Q- und die M-Linie für dieselbe Last im Abstand ξ_2 von A aufgezeichnet und die sich hieraus an der Stelle x ergebenden Werte Q_x und M_x eingetragen. In der Mitte dagegen sind die Einflußlinien der Querkraft Q_x und des Biegemoments M_x für die Schnittstelle x dargestellt. Steht die rollende Last in der Stellung 1 im Abstand ξ_1 von A, entsteht an der Schnittstelle x eine negative Querkraft von der Größe $\eta_1 = Q_x = -B$ und ein positives Moment von der Größe $\eta_1 = M_x = B \cdot x'$. Befindet sich die Last in der Stellung 2, so wird die Querkraft $\eta_2 = Q_x = A$ und das Moment $\eta_2 = M_x = A \cdot x$.

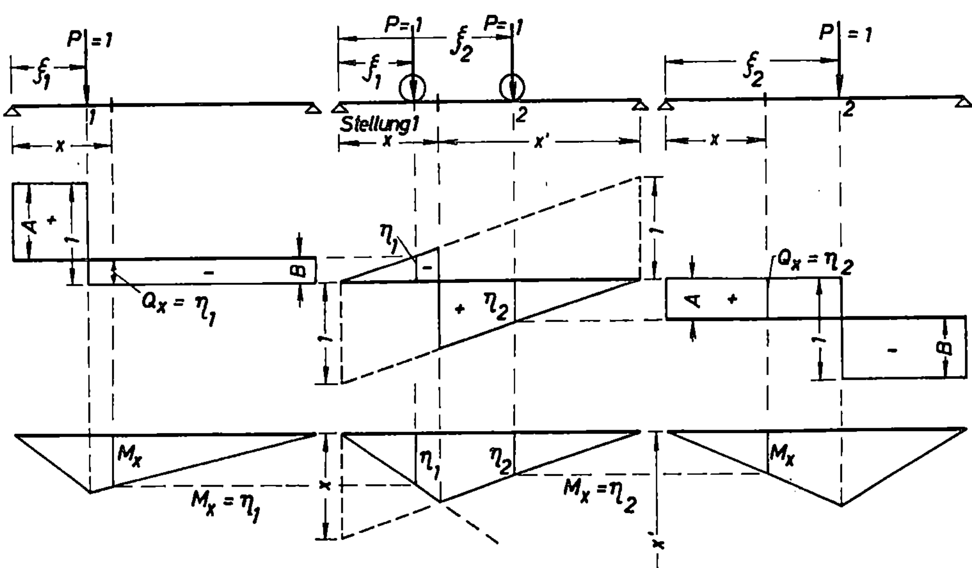

Bild 2. Unterschied zwischen Zustandslinien und Einflußlinien.

Die Q-, N- und M-Linien (Zustandslinien) geben für e i n e feste Laststellung die Schnittkräfte in a l l e n Querschnitten an, während die entsprechenden Einflußlinien die Schnittkraftgrößen von e i n e m Querschnitt für a l l e Laststellungen einer beweglichen Einheitslast darstellen.

Zustandslinie zeigt Schnittkraftverlauf von Querschnitt zu Querschnitt für e i n e Laststellung.

Einflußlinie zeigt Schnittkraftänderung e i n e s Querschnitts von Laststellung zu Laststellung.

4

1.3.3. Ihre Ermittlung

Einflußlinien werden sowohl für Kraftgrößen (Auflager-, Stab-, Quer-, Längskräfte, Biegemomente) als auch für Formänderungsgrößen (Durchbiegungen, Enddrehwinkel) mit einer di m e n s i o n s l o s e n Einheitslast 1 bestimmt und sind nur von der Art und den Abmessungen der Tragwerke, nicht aber von den Belastungen abhängig. Die EL für Kraftgrößen von statisch bestimmten Tragwerken bestehen aus G e r a d e n, während alle anderen EL K u r v e n sind. Ihre Ermittlung kann

entweder punktweise
oder analytisch
oder nach dem Satz von Maxwell
oder kinematisch

erfolgen. Die ersten drei Ermittlungsmöglichkeiten werden für die wichtigsten Tragwerkssysteme in den nachfolgenden Kapiteln allgemein beschrieben und durch Beispiele ausführlich erläutert.

1.4. Mittelbare Lasteintragung

Werden die beweglichen Verkehrslasten nicht unmittelbar vom Haupttragwerk aufgenommen, sondern über Fahrbahnlängsträger LT auf Querträger QT und von diesen erst auf die Hauptträger HT übertragen, Bild 3, liegt mittelbare oder indirekte Lasteintragung in das Haupttragwerk vor. Dabei erhalten die nicht direkt belasteten Teile geringere Beanspruchungen als bei unmittelbarer Belastung, weshalb auch die EL gegenüber direkter Lasteintragung einen veränderten Verlauf haben (vgl. Bild 14).

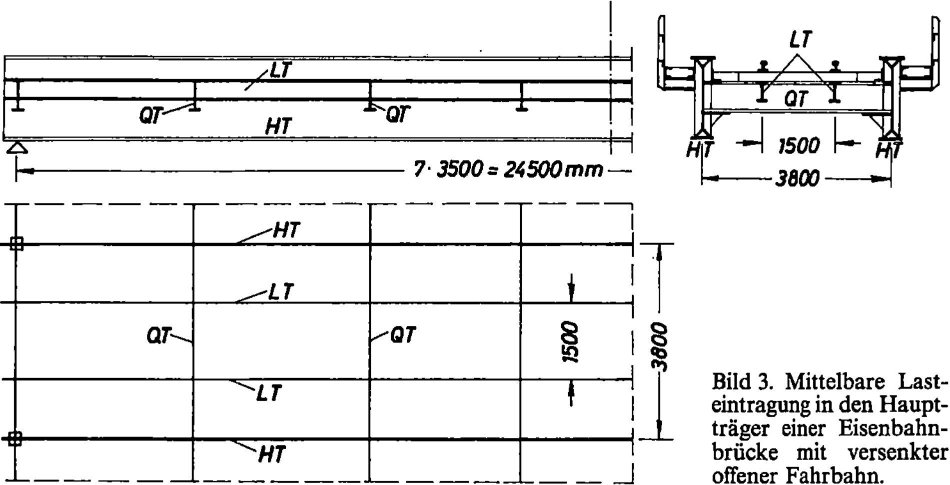

Bild 3. Mittelbare Lasteintragung in den Hauptträger einer Eisenbahnbrücke mit versenkter offener Fahrbahn.

1.5. Auswertung der Einflußlinien

1.5.1. Im allgemeinen

Die Einflußlinie der Lagerkraft A eines Trägers auf zwei Stützen ist eine geneigte Gerade mit den Ordinaten $\eta = 0$ unter B und $\eta = 1$ unter A. Befindet sich die dimensionslose

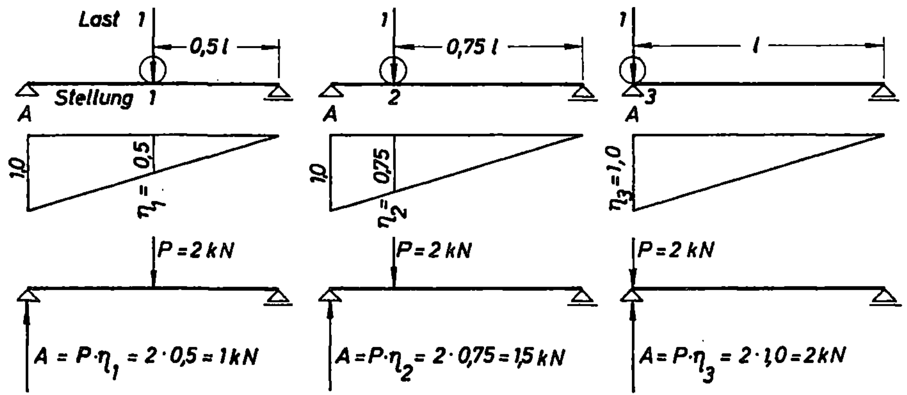

Bild 4. Auswertung der EL für die Lagerkraft A.

Einheitslast 1 nacheinander in den Stellungen 1, 2 oder 3, Bild 4, ergeben die zugehörigen EL-Ordinaten η_1, η_2, η_3 die jeweiligen Auflagerdrücke A zu 0,5, zu 0,75 und zu 1,0. Rollt nun nicht die Last 1, sondern eine tatsächliche Last P_i in kN über den Träger, werden alle Lagerkräfte oder Schnittkräfte oder Formänderungen P_i mal größer, weshalb alle Ein-

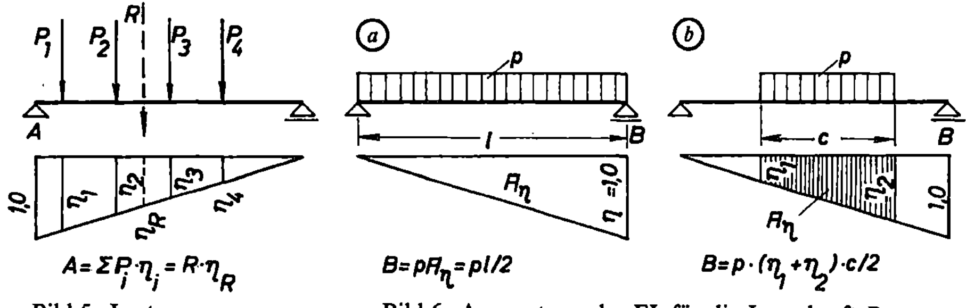

Bild 5. Lastengruppe.   Bild 6. Auswertung der EL für die Lagerkraft B.

flußordinaten η_i mit P_i in kN zu multiplizieren sind. Für eine beliebige Lastengruppe, Bild 5, bestimmt sich daher die Lagerkraft A aus der zugehörigen Einflußlinie zu

$$A = P_1 \cdot \eta_1 + P_2 \cdot \eta_2 + P_3 \cdot \eta_3 + \dots \quad \text{oder allgemein zu}$$

$$A = \Sigma P_i \cdot \eta_i \tag{1a}$$

Alle anderen Lagerkräfte sowie alle Schnittkräfte oder Formänderungen lassen sich nach demselben Auswertungsprinzip ermitteln. So ergibt sich die Auflagerkraft B des mit einer gleichmäßig verteilten Verkehrslast p belasteten Trägers, Bild 6, aus der Gleichung

$$B = p \cdot \Sigma \eta_i = p \cdot A_\eta \tag{1b}$$

worin A_η der Flächeninhalt der Einflußfläche unter der Belastungsstrecke ist, also

bei Vollbelastung (Bild 6a) $A_\eta = 1,0 \cdot l/2$
bei Streckenlast (Bild 6b) $A_\eta = (\eta_1 + \eta_2) \cdot c/2$

Für die Querkraft an der Stelle x, Bild 7, gelten je nach Stellung der Verkehrslast p die Gleichungen

bei p rechts von x;   positiver Grenzwert $Q_{xp} = p \cdot (+ A_1)$

bei p links von x;   negativer Grenzwert $Q_{xp} = p \cdot (- A_2)$ $\qquad$ (1 c)

und bei ständiger Last g, die über die ganze Trägerlänge vorhanden ist, die Gleichung

$$Q_{xg} = g \cdot (A_1 - A_2) \qquad (1\,d)$$

oder schließlich für das Biegemoment an der Schnittstelle x eines Trägers mit gemischter Belastung, Bild 8

$$M_{xp} = P \cdot \Sigma \, \eta_i + p \cdot A_\eta \qquad (1\,e)$$

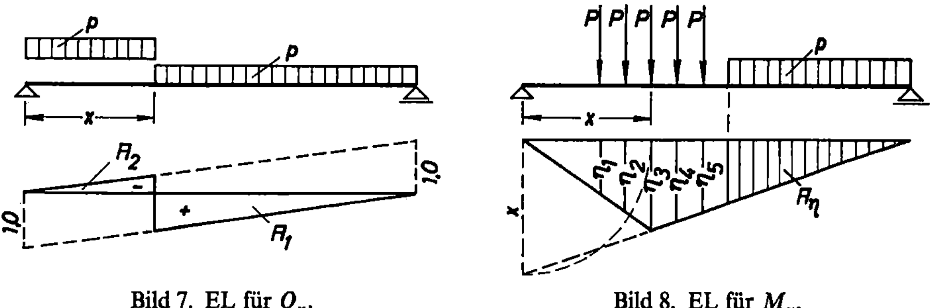

Bild 7. EL für Q_x. $\qquad\qquad$ Bild 8. EL für M_x.

Da die Einflußordinaten η, die ja für eine dimensionslose Einheitslast 1 ermittelt werden, unterschiedliche statische Größen darstellen, sind ihre Dimensionen ebenfalls verschieden, und zwar

für Lager-, Stab-, Quer- und Längskräfte	1 (dimensionslos)
für Biegemomente	m
für Enddrehwinkel	1/kN
für Durchbiegungen	cm/kN

1.5.2. Ungünstige Laststellungen

Die aus den vorgeschriebenen Verkehrslasten ermittelten oder fertig gegebenen Lastenzüge, meistens aus Einzellasten und Gleichstreckenlasten bestehend, müssen nun am Tragwerk in die ungünstigste Laststellung gebracht werden, wobei im allgemeinen zur Erzielung des positiven Grenzwertes der betreffenden statischen Größe nur der positive und zur Erzielung des negativen Grenzwertes nur der negative Einflußbereich zu besetzen ist, Bild 7. Da sich die jeweilige ungünstigste Laststellung meist nur durch Probieren finden läßt, wobei ihre ungefähre Lage aus der Gestalt der EL zu erkennen ist, ist folgender Ermittlungsweg zweckmäßig, Bild 9 a. Zuerst wird der entsprechend gekürzte Lastenzug mit einer seiner schwersten Einzellasten über die größte Einflußordinate des positiven Einflußfeldes (Stellung 1) gebracht und hierfür der gesuchte positive Wert der

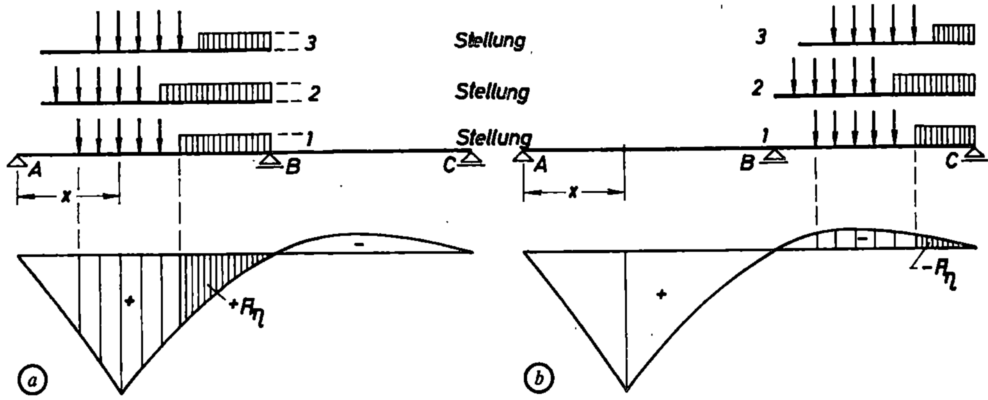

Bild 9. Ermittlung der ungünstigsten Laststellung.

statischen Größe nach obigen Gleichungen bestimmt, d. h., es wird ausgewertet. Darauf wird der Lastenzug um einen Lastabstand nach links verschoben (Stellung 2) und wieder ausgewertet. Wird dieses Ergebnis kleiner, bringt man den Lastenzug um einen Lastabstand nach rechts von Stellung 1 in die Stellung 3 und wertet abermals aus. Falls der dritte Wert ebenfalls kleiner ist als der erste, war die Stellung 1 die ungünstigste Laststellung und ihr Auswertungsergebnis der positive Grenzwert. Andernfalls müßte noch eine weiter nach links verschobene Stellung 2 a bzw. noch weiter nach rechts verschobene Stellung 3 a untersucht werden, was bei Einflußflächen ohne Spitze notwendig werden kann. Zur Erzielung des negativen Grenzwertes mit der zugehörigen Laststellung ist im negativen Einflußbereich analog vorzugehen, Bild 9 b.

1.5.3. Die Grenzwertlinien der Schnittkräfte

Die Grenzwerte der Schnittkräfte infolge Verkehrsbelastung werden in mehreren über das ganze Tragwerk verteilten Schnittstellen x, meistens in den Fünftel- oder Zehntelpunkten der Stützweite bestimmt, mit den Schwingbeiwerten φ multipliziert (falls nach Zi. 1.2. nicht bereits die Lasten mit φ zu vervielfachen sind) und mit ihren an den jeweils gleichen Schnittstellen vorhandenen Werten infolge ständiger Last überlagert. Die Grenzwerte aus ständiger Last und Verkehrslast sind dann

$$\max_{\min} Q_x = Q_{xg} + \varphi \cdot \max_{\min} Q_{xp} \tag{2a}$$

$$\max_{\min} M_x = M_{xg} + \varphi \cdot \max_{\min} M_{xp} \tag{2b}$$

worin ohne Rücksicht auf das Vorzeichen unter max der zahlenmäßig größte und unter min der zahlenmäßig kleinste Wert zu verstehen ist. Werden nun in jeder gewählten Schnittstelle x diese Grenzwerte der Querkräfte bzw. Momente vorzeichengerecht und maßstäblich als Strecken aufgetragen und deren Endpunkte miteinander verbunden, so sind diese Verbindungslinien die Grenzwertlinien, die den Verlauf der Größtwerte dieser Schnittkräfte über das ganze Tragwerk veranschaulichen, Bild 10. Sie zeigen auch an, welche Tragwerksteile nur durch positive oder nur durch negative Schnittkräfte, also nur schwellend beansprucht werden, und in welchen Bereichen die Schnittkräfte sowohl positiv als auch negativ werden, also wechselnde Beanspruchung vorliegt. Da bei schwellender und bei wechselnder Beanspruchung Dauerfestigkeitsnachweis erforderlich wird, werden diese Linien zur Bemessung und zum Spannungsnachweis benötigt.

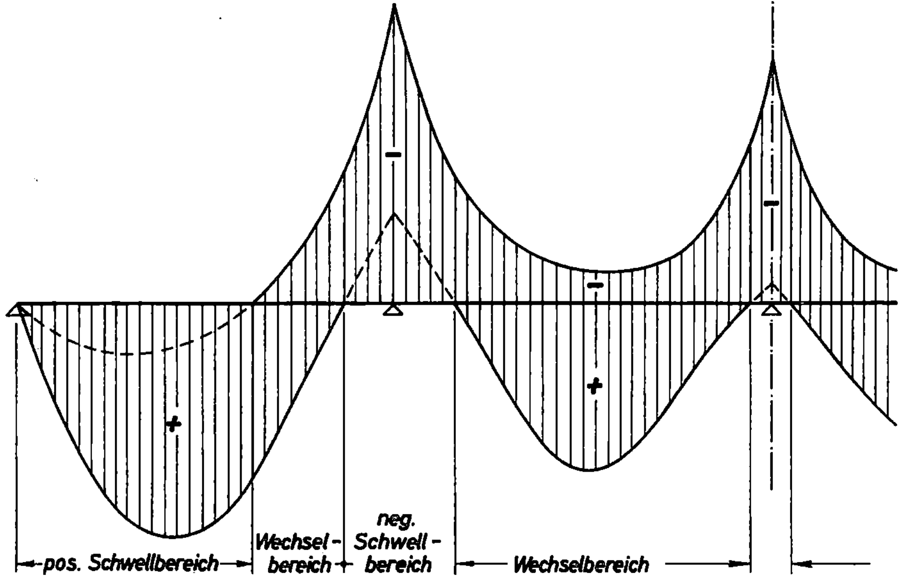

Bild 10. Grenzwertlinien der Biegemomente eines Durchlaufträgers.

2. Einflußlinien und Grenzwerte für den Träger auf zwei Stützen

2.1. EL für Lager- und Querkräfte sowie Biegemomente

Die Einflußlinien für Lager- und Querkräfte sowie Biegemomente beim Träger auf zwei Stützen sind G e r a d e n, die meistens durch Aufstellen der entsprechenden Lager- und Schnittkraftgleichungen und durch deren analytische Darstellung bestimmt werden.

Der jeweils untersuchte Trägerquerschnitt wird wie bisher durch die Abstände x zum Lager A bzw. x' zum Lager B festgelegt, während die Lage der rollenden Last $P = 1$ durch die v e r ä n d e r l i c h e n Abstände ξ bis A bzw. ξ' bis B bezeichnet wird.

2.1.1. Bei unmittelbarer Lasteintragung

Für eine d i m e n s i o n s l o s e E i n h e i t s l a s t 1 lauten die Gleichungen der EL für die

linke Lagerkraft $A = + Q_A$: $\eta = 1 \cdot \xi'/l$ (3a)

rechte Lagerkraft $B = - Q_B$: $\eta = 1 \cdot \xi/l$ (3b)

Die EL für A bzw. Q_A ist also eine Gerade, die bei Stellung der Last 1 über B mit $\xi' = 0$ dort die Ordinate $\eta = A = 0$ und bei Stellung über A mit $\xi' = l$ dort die Ordinate $\eta = A = 1$ hat (Bild 11a). Die EL für die Lagerkraft B ist die entgegengesetzt geneigte Gerade, und sie ist gleichzeitig die EL für die negative Querkraft Q_B, Bild 11b.

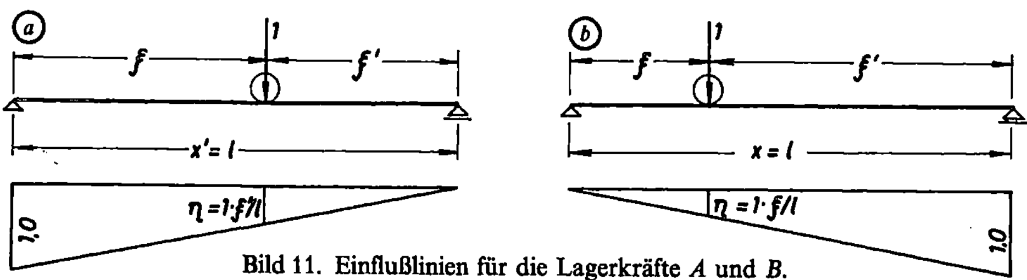

Bild 11. Einflußlinien für die Lagerkräfte A und B.

Die EL der Querkraft an der Stelle x (Bild 12) ist rechts davon die EL der Lagerkraft A und links davon die negative von B, denn wenn die Last 1 nur rechts von der Schnittstelle x rollt, wird $Q_x = \eta_r = +A$ und für jede Laststellung links davon wird $Q_x = \eta_l = -B$. Die El der Querkraft Q_x besteht also aus zwei Geraden mit den Gleichungen für

Laststellungen rechts vom Schnitt x (Bild 12): $\quad \eta_r = +1 \cdot \xi'/l$

Laststellungen links vom Schnitt x (Bild 13): $\quad \eta_l = -1 \cdot \xi/l$

$$(4)$$

In der untersuchten Schnittstelle x, also bei Laststellung $\xi = x$ bzw. $\xi' = x'$, springt die EL von $-x/l$ um die Größe der Last, also um 1, auf den Ordinatenwert $+x'/l$. Die

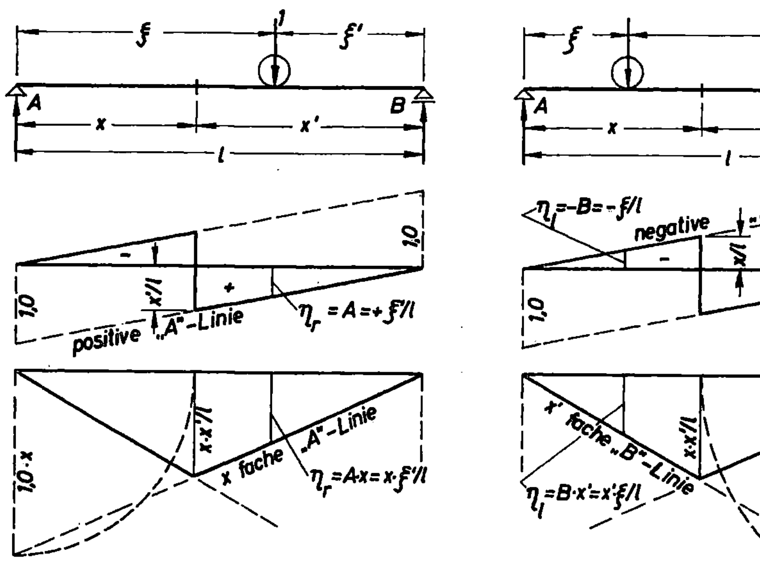

Bild 12. Einflußlinien für Q_x und M_x, Last rechts vom Schnitt.

Bild 13. Einflußlinien für Q_x und M_x, Last links vom Schnitt.

Ordinatenwerte für die Lager- und Querkräfte sind dimensionslos, ihr Maßstab kann beliebig gewählt werden.

Die EL für das Biegemoment M_x ist rechts von der Schnittstelle x die mit x multiplizierte EL für die Lagerkraft A und links von x die mit x' multiplizierte EL für B, denn wenn die Einheitslast nur rechts vom Schnitt steht, wird $M_x = \eta_r = + A \cdot x$, steht sie aber links von x, wird $M_x = \eta_l = + B \cdot x'$. Die EL für das Moment setzt sich also ebenfalls aus zwei Geraden zusammen mit den Gleichungen für

Laststellungen rechts vom Schnitt x (Bild 12): $\eta_r = 1 \cdot x \cdot \xi'/l$

Laststellungen links vom Schnitt x (Bild 13): $\eta_l = 1 \cdot x' \cdot \xi/l$

$$(5\,a)$$

und hat für die Stellung von $P = 1$ über der Schnittstelle x, also für $\xi = x$ bzw. $\xi' = x'$, die größte Ordinate

$$\eta_x = 1 \cdot x \cdot x'/l \tag{5b}$$

d. h., für diese Laststellung ist die Einflußlinie gleichzeitig die Momentenlinie (Zustandslinie). Die EL wird konstruiert, indem unter A die Ordinate $A \cdot x = 1 \cdot x$ und unter B die Ordinate $B \cdot x' = 1 \cdot x'$ mit der Dimension Meter als Strecke oder durch Kreisbogen angetragen wird.

2.1.2. Bei mittelbarer Lasteintragung

Die EL der Lagerkräfte sind bei mittelbarer oder indirekter Lasteintragung (vgl. Zi. 1.4.) dieselben wie bei unmittelbarer oder direkter Belastung; dagegen ändern sie sich für Schnittkräfte im Bereich des geschnittenen Feldes zwischen den lasteintragenden Querträgern nach der Gleichung

$$\eta_c = \eta_l \cdot c'/\lambda + \eta_r \cdot c/\lambda \tag{6}$$

Zeichnerisch ergibt sich diese Veränderung, indem die Endpunkte der Einflußordinaten η_l und η_r geradlinig miteinander verbunden werden. Dadurch wird bei den EL der Biegemomente die Dreiecksspitze abgeschnitten (Bild 14), so daß vor allem in Träger-

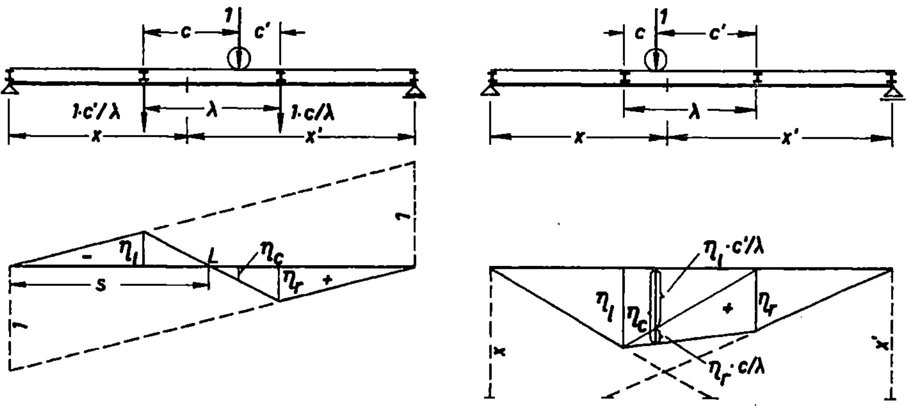

Bild 14. EL für Q_x und M_x bei mittelbarer Lastübertragung.

mitte die Biegebeanspruchung vermindert werden kann, wenn dort kein Querträger angeordnet wird.

Die EL der Querkräfte erhalten anstelle der senkrechten Verbindung an der Schnittstelle eine schräge Verbindung mit einem Lastscheidepunkt L, der nicht mit der Schnittstelle x zusammenfällt und erst aus Ähnlichkeitsbeziehungen zu ermitteln ist (vgl. Beispiel 5). Die beiden Teilflächen haben die Größen

$$A_1 = \frac{a^2}{2\cdot(a+b)}; \quad A_2 = \frac{b^2}{2\cdot(a+b)} \qquad (7\,\mathrm{a})$$

und der Inhalt der ganzen Einflußfläche beträgt

$$A = A_2 - A_1 = (b - a)/2 \qquad (7\,\mathrm{b})$$

Der Abstand bis zum Lastscheidepunkt L

$$s = a + \frac{\lambda}{|\eta_l| + |\eta_r|}\cdot|\eta_l| \qquad (7\,\mathrm{c})$$

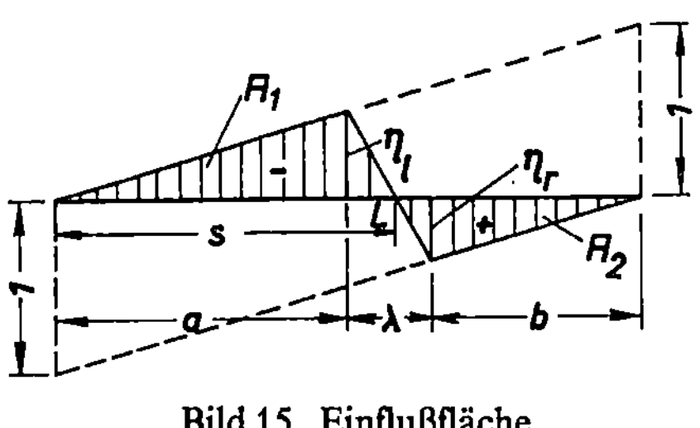

Bild 15. Einflußfläche.

2.2. EL für Durchbiegungen und Drehwinkel

Die EL für Durchbiegungen und Drehwinkel sind K u r v e n. Sie können entweder p u n k t w e i s e oder nach dem M a x w e l l s c h e n Satz von der gegenseitigen Gleichheit der Formänderungen (vgl. Teil 3, Zi. 2.2.4.) als Biegelinien ermittelt werden. Danach gilt:

> Die Einflußlinie für die Verschiebung δ_{ki} des festen Querschnitts k (oder für die Verdrehung der Tangente im Querschnitt k) infolge der rollenden Last $P = 1$ in den Lastangriffsorten i ist gleich der Biegelinie für $P = 1$ (oder für $M = 1$) im Querschnitt k.

2.2.1. Die ω-Zahlen

Die Biegelinie eines beliebigen Trägers mit konstantem Trägheitsmoment ist nach dem Satz von M o h r (vgl. Teil 2, Zi. 7.2.1.) gleich der Momentenlinie, die an dem zugeordneten Ersatzträger entsteht, wenn dieser mit der durch die Biegesteifigkeit $E\cdot I$ dividierten und durch die gegebene Belastung am Träger erzeugten Momentenfläche belastet wird. Die $E\cdot I$-fache Durchbiegung an einer beliebigen Stelle ζ eines Trägers auf zwei Stützen für ein in $B \triangleq 10$ angreifendes Moment M (Bild 16) ist demzufolge

$$\mathfrak{M}_\zeta = \mathfrak{A}\cdot\zeta - \frac{M\cdot\zeta^2}{2\cdot l}\cdot\frac{\zeta}{3} = \frac{M\cdot l^2}{6}\cdot\left(\frac{\zeta}{l} - \frac{\zeta^2\cdot\zeta}{l^2\cdot l}\right) = \frac{M\cdot l^2}{6}\cdot\frac{\zeta}{l}\cdot\frac{\zeta'}{l}\cdot\frac{l+\zeta}{l} = \frac{M\cdot l^2}{6}\cdot\omega_D$$

Der Inhalt der $\mathfrak{M}$-Fläche beträgt

$$A = \int\limits_A^B \mathfrak{M}_\zeta\,\mathrm{d}\zeta = \frac{M\cdot l^2}{6}\cdot\frac{l}{4} = \frac{M\cdot l^3}{24}$$

12

i	$\dfrac{\xi}{l}$	$\dfrac{\xi'}{l}$	$\dfrac{l+\xi}{l}$	ω_D
0	0	1,0	1,0	0
1	0,1	0,9	1,1	0,0990
2	0,2	0,8	1,2	0,1920
3	0,3	0,7	1,3	0,2370
4	0,4	0,6	1,4	0,3360
5	0,5	0,5	1,5	0,3750
6	0,6	0,4	1,6	0,3840
7	0,7	0,3	1,7	0,3570
8	0,8	0,2	1,8	0,2880
9	0,9	0,1	1,9	0,1710
10	1,0	0	2,0	0

Bild 16. Biegelinie infolge M.

Diese Beiwerte ω_D sind von der Stützweite unabhängig und können z. B. für die Zehntelpunkte des Trägers (vgl. obige Tabelle) berechnet werden, wodurch sich die $E \cdot I$-fachen Durchbiegungen in diesen Punkten schnellstens ermitteln lassen. Derartige Zahlenwerte ω können auch für andere Belastungen (Rechteck, Parabeln, verschränkte oder symmetrische Dreiecke) aufgestellt werden (z. B. Wendehorst/Muth, Bautechn. Zahlentafeln). Greift M in $A \triangleq 0$ an und liegt daher die Belastungsordinate M über A, so ergeben sich die spiegelbildlichen Beiwerte ω'_D. Vergleiche Beispiele 11, 41, 47, 48.

2.3. Grenzwertbestimmung ohne Einflußlinien

Am Träger auf zwei Stützen lassen sich die Grenzwerte für Lagerkräfte, Querkräfte und Biegemomente infolge gleichmäßig verteilter beweglicher Verkehrslast und infolge beweglicher Einzellasten auch zeichnerisch mit Krafteck und Seileck sowie rechnerisch ohne EL bestimmen.

2.3.1. Grenzwertlinien der Querkräfte; das A-Polygon

Bei gleichmäßig verteilter beweglicher Verkehrslast p gelten für die Grenzwerte der Querkräfte in den verschiedenen Schnitten x die Gleichungen

$$Q_{xp} = A_p = + p \cdot x'^2/(2 \cdot l)$$

wenn p nur über x' steht (Bild 17a), und

$$Q_{xp} = - B_p = - p \cdot x^2/(2 \cdot l)$$

wenn p nur über x steht (Bild 17b).

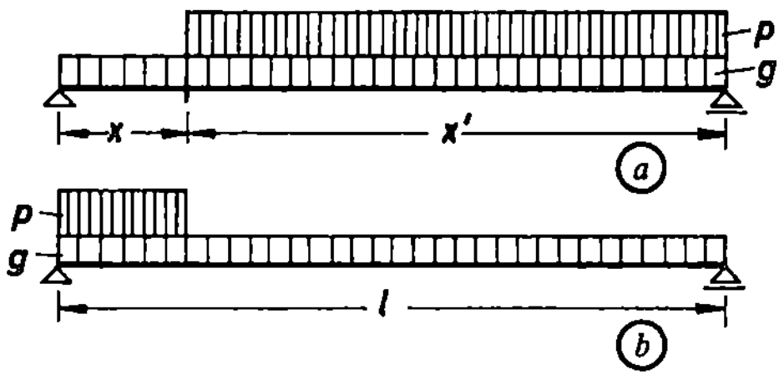

Bild 17a, b. Laststellungen.

Die Grenzwertlinien infolge p sind also Parabeln (Bild 17c), die mit der Q_g-Linie überlagert die Grenzwertlinien der Querkräfte infolge g und p nach Bild 17d ergeben, wobei die Q_g- und die Q_q-Linie Tangenten dieser parabolischen Grenzwertlinien sind. Ist ein Schwingbeiwert φ zu berücksichtigen, müssen diese Parabeln mit den Größen

$$\max A = -\max B = g \cdot l/2 + \varphi \cdot p \cdot l/2$$
$$\min A = -\min B = g \cdot l/2$$

konstruiert werden.
Bei beweglichen **Einzellasten** wird in jedem beliebigen Querschnitt x immer dann der positive Grenzwert Q_{xp} erreicht, wenn der von rechts nach links fahrende Lastenzug mit P_1 über der Schnittstelle x steht, wobei

$$\max Q_{xp} = a = 1/l \cdot \Sigma P_i \cdot b_i$$
$$= 1/l \cdot R \cdot r = y$$

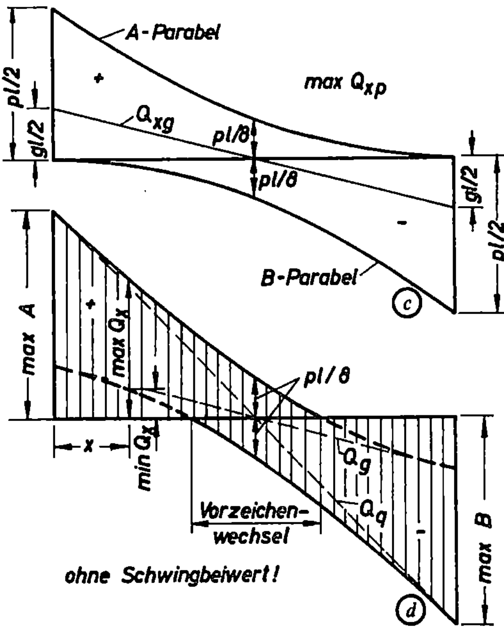

Bild 17c, d. Grenzwertlinien der Querkräfte infolge gleichmäßig verteilter ständiger und beweglicher Verkehrslast.

zeichnerisch mit Kraft- und Seileck als Strecke y nach Bild 18 bestimmt wird. Bewegt sich nun der Lastenzug weiter nach links und mit seiner ersten Last auch die Schnittstelle, an

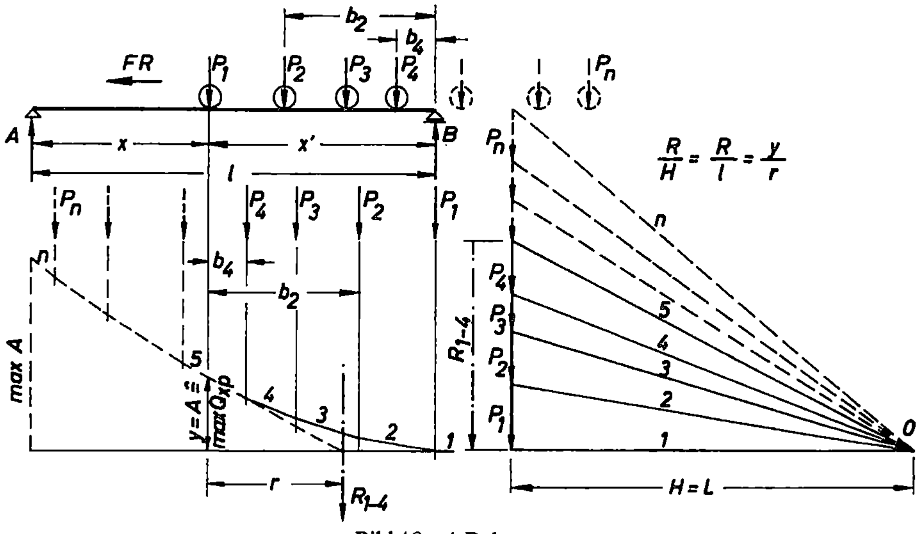

Bild 18. *A*-Polygon.

der max Q_{xp} gesucht ist, so rücken die folgenden Lasten bis P_n (gestrichelt gezeichnet) auf dem Träger nach, das Seilpolygon setzt sich mit weiteren Seilstrahlen fort und ergibt schließlich zwischen den Seilstrahlen 1 und n auf dem Stützenlot A die Größe $y = \max A = \max Q_{Ap}$ sowie an jeder beliebigen Schnittstelle dort $y = A = \max Q_{xp}$, weshalb dieses Seilpolygon die Grenzwertlinie der Q_{xp} ist und, da es gleichzeitig die Auflagerdrücke A liefert, auch A-Polygon heißt.

Die negative Grenzwertlinie ist antimetrisch (vgl. Beispiel 2).

2.3.2. Grenzwertlinien der Biegemomente

Um für einen bestimmten Trägerquerschnitt x den Grenzwert seines Momentes z e i c h n e r i s c h zu erhalten, wird der aus Einzellasten bestehende Lastenzug als r u h e n d angenommen, mit beliebiger Polweite H das zugehörige Kraft- und Seileck

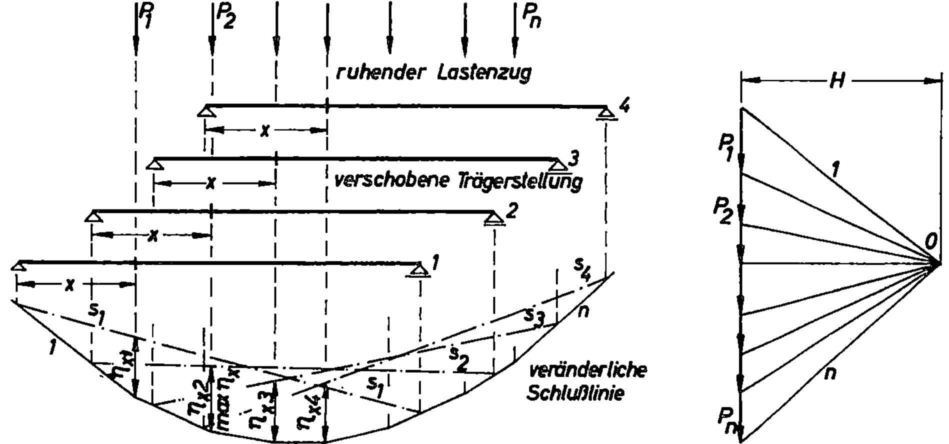

Bild 19. Zeichnerische Ermittlung von max M_{xp}.

gezeichnet, jetzt der Träger nacheinander so verschoben, daß immer eine Last über diesem Querschnitt steht (Bild 19) und für jede Trägerstellung die Schlußlinie s gezeichnet. Nach Gl. (3,9/Teil 1) ergibt sich sodann der Grenzwert seines Biegemomentes zu

$$\max M_{xp} = H \cdot \max \eta_x$$

Werden so für die Querschnitte in $l/5$ oder $l/10$ Abständen die zugehörigen Grenzwerte bestimmt und unter ihnen aufgetragen, dann ist deren Verbindungslinie die Grenzwertlinie der Biegemomente für den gegebenen Lastenzug. Vgl. Beispiel 2.

Das ü b e r h a u p t g r ö ß t e M o m e n t ergibt sich rechnerisch für eine e i n z i g e rollende Einzellast P zu $\max M = P \cdot l/4$ in Trägermitte, wobei die Grenzwertlinie eine Parabel ist.

Für z w e i v e r s c h i e d e n große rollende Lasten mit unveränderlichem Abstand c wird die Grenzwertlinie der Momente von zwei Parabeln gebildet (vgl. Bild 28 e), deren Größtwertstellen sich aus der Bedingung ergeben, daß eine Last und die Resultierende beider Lasten symmetrisch zur Trägermitte stehen müssen. Mit den Abständen

$$c_1 = P_2 \cdot c/R \qquad \text{und} \quad c_2 = P_1 \cdot c/R$$

$$\text{wird} \quad \max M_1 = R \cdot (l - c_1)^2/(4 \cdot l) \quad \text{bei} \quad x_m = (l - c_1)/2 \tag{8a}$$

$$\text{und} \quad \max M_2 = R \cdot (l - c_2)^2/(4 \cdot l) \quad \text{bei} \quad x'_m = (l - c_2)/2 \tag{8b}$$

Sind beide Lasten gleich groß, also $P = R/2$, wird

$$\max M = P \cdot (l - c/2)^2/(2 \cdot l) \text{ bei} \quad x_m = x'_m = l/2 - c/4 \tag{8c}$$

Bei $c > 0{,}586 \cdot l$ tritt das größte Moment unter der größeren Last in Trägermitte auf.

> Rollt ein **Lastenzug** über einen Träger, so entsteht das überhaupt größte Moment unter der maßgebenden Last, wenn diese denselben Abstand vom linken Auflager hat wie die Resultierende des Lastenzuges vom rechten Lager. Die maßgebende Last ist entweder die größte Last des Lastenzuges oder diejenige, die den geringsten Abstand zur Resultierenden hat, weil dort die Querkraft ihr Vorzeichen wechselt.

Vergleiche Beispiel 2.

Beispiel $\boxed{1}$

Die Brücke für eine Baustellenbahn mit $l = 8{,}00$ m Stützweite besteht aus zwei Hauptträgern, auf denen die Schwellen mit dem Gleis unmittelbar aufliegen, und wird mit dem in Bild 20 dargestellten Lastenzug befahren. Dabei soll vorausgesetzt werden, daß sich die Lok nur am Anfang oder am Ende des Zuges, nicht aber in der Mitte befindet; sie kann jedoch vorwärts und rückwärts fahren. Mit der ständigen Last $g = 6$ kN/m Brücke und dem Schwingbeiwert $\varphi = 1{,}4$ sind zu berechnen:

1. Der maximale Auflagerdruck.
2. Die Grenzwerte der Querkraft Q_3
   bei $x_3 = 3/10 \cdot l = 2{,}40$ m.
3. Das maximale Moment M_3 bei x_3.

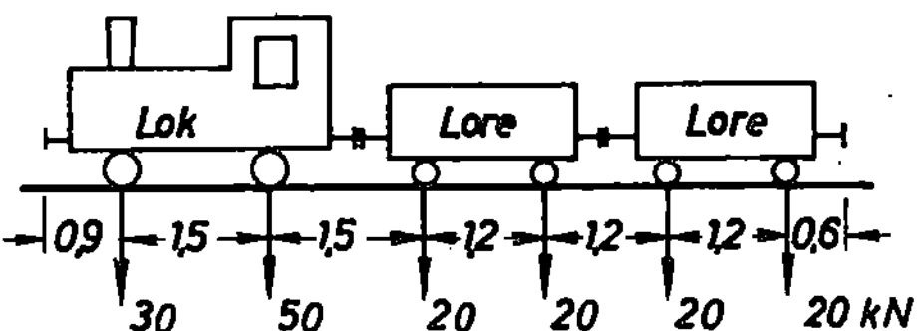

Bild 20. Kleinbahnlastenzug mit Achslasten.

1. Der maximale Auflagerdruck

Die EL für den Lagerdruck A ist eine geneigte Gerade, für die sich nach

Gl. (3a) $\qquad\qquad\qquad \eta = 1 \cdot \xi'/l$

   unter B für $\xi' = 0$ (Einheitslast in B) $\quad \eta = 0$

und unter A für $\xi' = l$ (Einheitslast in A) $\quad \eta = 1$ als Ordinaten ergeben.

Um den maximalen Auflagerdruck zu erhalten, muß die größte Achslast des Zuges über der größten Einflußordinate $\eta = 1$ stehen. Dies ist der Fall, wenn sich die Hinterachse der rückwärts fahrenden Lok gerade über dem Lager A befindet (Bild 21), wobei auf einen

16

Hauptträger nur die Hälfte aller Lasten entfällt. Mit den gerechneten oder aus der Zeichnung abgemessenen Ordinaten ergibt die Auswertung nach

Gl. (1 a): $\qquad \max A_p = 25 \cdot 1,0 + 15 \cdot 0,81 + 50 \cdot 0,33 = 53,6 \text{ kN}$

für $g = 3,0 \text{ kN/m}$: $\qquad A_g = 3,0 \cdot 8,0/2 \qquad\qquad = 12,0 \text{ kN}$

und mit dem Schwingbeiwert $\varphi = 1,4$ nach

Gl. (2 a): $\qquad \max A = A_g + \varphi \cdot \max A_p = 12,0 + 1,4 \cdot 53,6 = 87,0 \text{ kN}$

Mit der spiegelbildlichen Laststellung wird max B genau so groß.

2. Grenzwerte der Querkraft

Die EL der Querkraft an einer beliebigen Schnittstelle x stimmt für Laststellungen rechts davon mit der EL der Lagerkraft A, für Laststellungen links davon mit der EL der negativen Lagerkraft B überein und geht an der Schnittstelle x von $\eta_l = -x/l$ sprunghaft auf $\eta_r = +x'/l$ über, wobei immer $|\eta_l| + |\eta_r| = 1,0$ ist (vgl. Bilder 2, 12, 23). Für die Laststellungen $\xi = x_3 = 2,40 \text{ m}$ bzw. $\xi' = x_3' = 5,60 \text{ m}$ betragen die Ordinaten nach

Gl. (4)
$$\eta_l = -1 \cdot \xi/l = -1 \cdot 2,40/8,00 = -0,30$$
$$\eta_r = +1 \cdot \xi'/l = +1 \cdot 5,60/8,00 = +0,70 \qquad |\Sigma| = 1,00$$

Um die Grenzwerte der Querkraft in der Schnittstelle x_3 zu erhalten, wird der Lastenzug zunächst nur im positiven und dann nur im negativen Einflußbereich so aufgestellt, daß

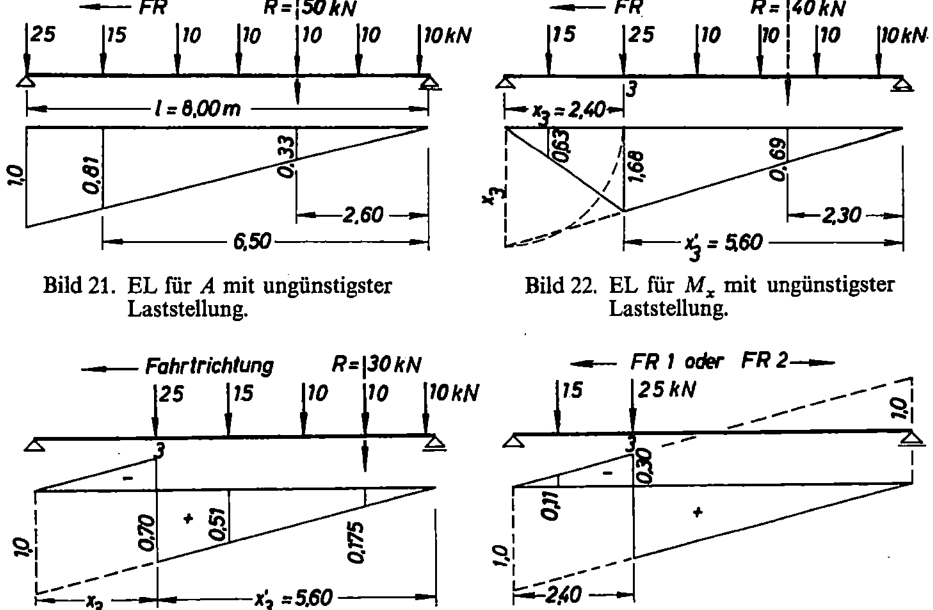

Bild 21. EL für A mit ungünstigster Laststellung.

Bild 22. EL für M_x mit ungünstigster Laststellung.

Bild 23. EL für Q_x in $3/10 \cdot l$ mit ungünstigsten Laststellungen.

wieder die größere Achslast der Lok über der größten Ordinate des betreffenden Bereichs, also an der Schnittstelle selbst steht. Für diese beiden ungünstigsten Laststellungen, in Bild 23 mit Angabe der Fahrtrichtung FR dargestellt, ergibt die Auswertung für e i n e n Hauptträger

Gl. (1 a): $\max Q_p = 25{,}0 \cdot 0{,}70 + 15{,}0 \cdot 0{,}51 + 30{,}0 \cdot 0{,}175 = +30{,}5 \text{ kN}$

$\min Q_p = -25{,}0 \cdot 0{,}30 - 15{,}0 \cdot 0{,}11 \qquad\qquad = - \ 9{,}2 \text{ kN}$

mit $a = x_3$ und $b = x_3'$:

Gl. (7 b): $Q_g = g \cdot (x_3' - x_3)/2 = 3{,}0 \cdot (5{,}60 - 2{,}40)/2 = + \ 4{,}8 \text{ kN}$

Gl. (2 a): $\max Q_3 = Q_g + \varphi \cdot \max Q_p = +4{,}8 + 1{,}4 \cdot 30{,}5 = +47{,}5 \text{ kN}$

$\min Q_3 = Q_g + \varphi \cdot \min Q_p = +4{,}8 - 1{,}4 \cdot 9{,}2 \ = - \ 8{,}1 \text{ kN}$

3. Das maximale Biegemoment

Für jede Stellung der Last 1 rechts der Schnittstelle x wird $M_x = A \cdot x$ und für jede Stellung links von x wird $M_x = B \cdot x'$. Die EL für M_x ist somit rechts von x die x-fache EL für A, links davon die x'fache EL für B und hat an der Schnittstelle x, unter der sich die beiden Geraden schneiden, die größte Ordinate nach

Gl. (5 b): $\eta_3 = 1 \cdot x \cdot x'/l = 2{,}40 \cdot 5{,}60/8{,}00 = 1{,}68 \text{ m}$

Man erhält die EL auch zeichnerisch, indem $x_3 = 2{,}40$ m unter A und $x_3' = 5{,}60$ m unter B mit Zirkel oder als Strecken abgetragen und deren Endpunkte mit den anderen Lagern verbunden werden. Wird der Lastenzug so aufgestellt, daß die Hinterachse der Lok gerade über der Schnittstelle steht (Bild 22), ergibt sich nach

Gl. (1 e): $\max M_p = 15{,}0 \cdot 0{,}63 + 25{,}0 \cdot 1{,}68 + 40{,}0 \cdot 0{,}69 = 79{,}1 \text{ kN m}$

$M_g = g \cdot A_\eta = 3{,}0 \cdot 1{,}68 \cdot 8{,}00/2 \qquad\qquad = 20{,}2 \text{ kN m}$

Gl. (2 b): $\max M_3 = M_g + \varphi \cdot \max M_p = 20{,}2 + 1{,}4 \cdot 79{,}1 = 130{,}9 \text{ kN m}$

Beispiel $\boxed{2}$

Für Tragwerk und Lastenzug des Beispiels 1 sind die Grenzwertlinien der Querkräfte und Biegemomente z e i c h n e r i s c h zu ermitteln. Außerdem ist das überhaupt größte Moment zu berechnen.

1. Ermittlung der Grenzwertlinien der Querkräfte

Die mit dem Schwingbeiwert $\varphi = 1{,}4$ vervielfachten Radlasten P_1 bis P_7 werden lotrecht aufgetragen und bei horizontalem Polstrahl 1 mit der Polweite $H = l = 8{,}00$ m das Krafteck gezeichnet (Bild 24). Das sich hieraus ergebende Seileck für den entsprechend Zi. 2.3.1. in umgekehrter Richtung aufgestellten Lastenzug, also Lok rückwärts fahrend und größte Last über dem Lager B des Trägers, stellt die $\varphi \cdot Q_p$-Linie ($\varphi \cdot A$-Polygon) dar. Diese wird dann mit der Q_g-Linie (Zustandslinie) mit $A_g = B_g = 3{,}0 \cdot 8{,}0/2 = 12{,}0$ kN überlagert, womit die positive Grenzwertlinie der Querkraft ermittelt ist, die mit der des

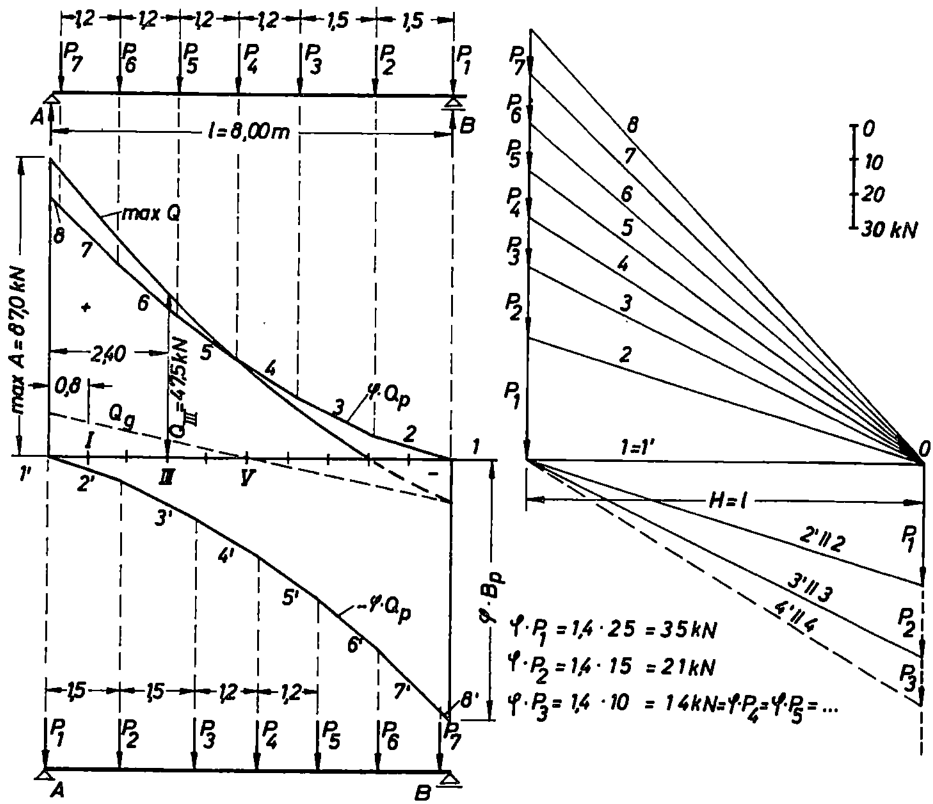

Bild 24. Zeichnerische Ermittlung von max Q.

Beispiels 7 übereinstimmt. Wenn der Lastenzug mit der Last P_1 über A steht und hierfür die parallelen Seilstrahlen $2' \parallel 2, 3' \parallel 3$ usw. gezogen werden, entsteht die $- \varphi \cdot Q_p$-Linie und nach Überlagerung mit der Q_g-Linie die negative Grenzwertlinie, die zur positiven antimetrisch ist.

2. Zeichnerische Grenzwertbestimmung von Momenten

Für den gegebenen Lastenzug, Lok vorwärts von rechts nach links fahrend, wird das Krafteck mit den φ-fachen Radlasten bei beliebiger Polweite, z. B. $H = 50$ kN, aufgetragen und die dazu parallelen Seilstrahlen 1 bis 9 gezogen. Dann wird der Träger nach Zi. 2.3.2 für die Schnitte I bis V in seine jeweilige Grenzwertstellung gebracht, also so unter dem Lastenzug aufgezeichnet, daß sich der Querschnitt I mit $x_1 = l/10 = 0,80$ m gerade unter der größten Radlast $\varphi \cdot 25 = 35$ kN befindet, hierfür in das Seileck die Schlußlinie s_I eingetragen und im Längenmaßstab der Abschnitt $\eta_I = 0,95$ m abgemessen. Anschließend wird der Träger verschoben, bis der Querschnitt II, dann III, IV und V jeweils unter der größten Radlast steht, und es werden für die zugehörigen Schlußlinien

19

s die Abschnitte η_{II}, η_{III} ... bestimmt. Nach Gl. (3,9/Teil 1) ist $M = H \cdot \eta$, und es ergeben sich somit folgende Momente:

Quer-schnitt	x_i m	η_i m	$H \cdot \eta = \varphi \cdot M_p$ kN m	M_g kN m	$M_g + \varphi \cdot M_p$ kN m	max M nach den Bsp. 1 und 7
I	0,80	0,95	47,5	8,6	56,1	59,3 } Lok rück-
II	1,60	1,60	80,0	15,4	95,4	99,2 } wärts fahrend
III	2,40	2,20	110,0	20,2	130,2	131,0
IV	3,20	2,48	124,0	23,0	147,0	146,9
V	4,00	2,49	124,5	24,0	148,5	147,5

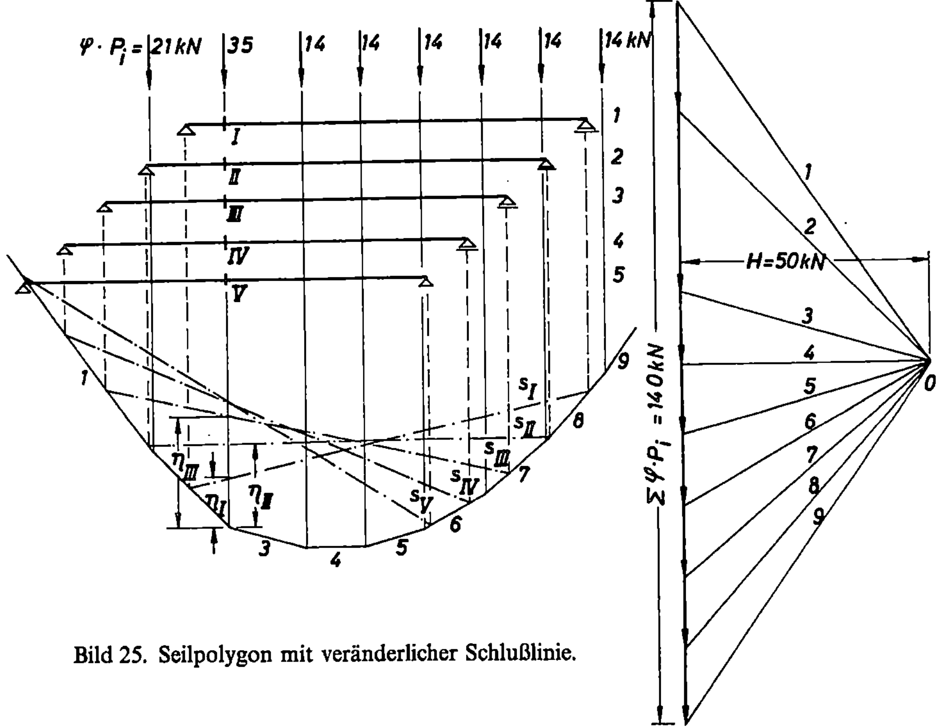

Bild 25. Seilpolygon mit veränderlicher Schlußlinie.

Dieses Verfahren gibt natürlich nur die größten Werte für einen Lastenzug mit unveränderter Radlastfolge; gegebenenfalls wäre eine Wiederholung mit geänderter Folge – z. B. Lok rückwärts fahrend – durchzuführen, wobei sich für die Querschnitte I und II entsprechend den Ergebnissen vom Beispiel 7 etwas größere Werte ergeben würden.

3. Das überhaupt größte Moment

Wenn auf dem Träger der Lastenzug so steht, daß seine Resultierende denselben Abstand vom rechten Auflager wie die maßgebende – hier die größte – vom linken Lager hat, dann entsteht unter dieser Last das überhaupt größte Biegemoment.

20

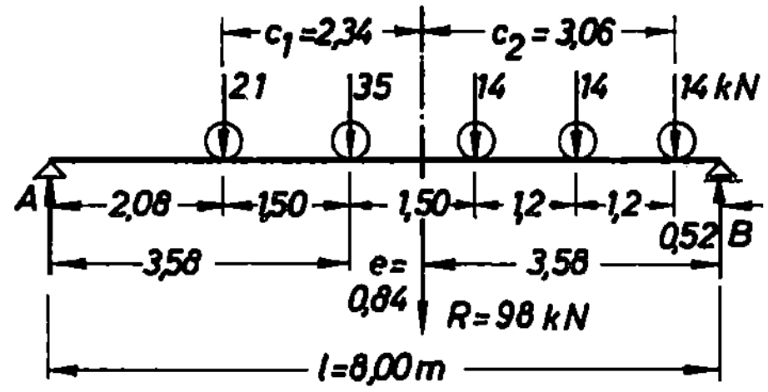

Bild 26. Die ungünstigste Laststellung.

$$c_1 = [14 \cdot (5,4 + 4,2 + 3,0) + 35 \cdot 1,5]/98 = 2,34 \text{ m}; \quad e = 2,34 - 1,50 = 0,84 \text{ m}$$

$$x_m = (l - e)/2 = (8,00 - 0,84)/2 = 3,58 \text{ m}; \quad c_2 = 5,40 - 2,34 = 3,06 \text{ m}$$

$$A = 98 \cdot 3,58/8,00 = 43,9 \text{ kN}$$

$$\varphi \cdot M_p = 43,9 \cdot 3,58 - 21 \cdot 1,50 = 125,7 \text{ kN m}$$

$$\max M = 125,7 + 3,0 \cdot 3,58 \cdot 4,42/2 = 149,4 \text{ kN m}$$

Dieser Wert ist geringfügig höher als die oben bei $x_4 = 3,20$ m und $x_5 = 4,00$ m ermittelten Momente in den Querschnitten IV und V.

Beispiel $\boxed{3}$

Für einen Kranbahnträger mit $l = 7,50$ m Stützweite, der mit den beiden größten Kranradlasten $P_1 = 11,0$ kN und $P_2 = 9,4$ kN im Abstand $c = 3,00$ m bei unveränderlicher Lastfolge beansprucht wird, ist die max M_p-Linie zu ermitteln.

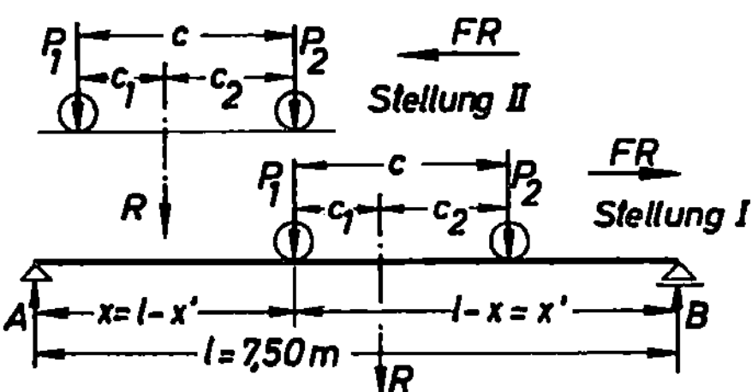

Bild 27. Kranbahnträger.

In einer beliebigen Schnittstelle x entsteht der Momentengrenzwert, wenn entweder die Last P_1 (Stellung I) oder die Last P_2 (Stellung II in Bild 27) über dem Querschnitt steht. Die zugehörigen Momentengleichungen

für Stellung I: $\quad M_x = A \cdot x = R \cdot [(1 - c_1/l) \cdot x - x^2/l]$

für Stellung II: $\quad M_x = B \cdot x' = R \cdot [(1 - c_2/l) \cdot x' - x'^2/l]$

zeigen, daß bei einer rollenden Lastengruppe und veränderlicher Schnittstelle die Grenzwertlinien der Momente Parabeln sind. Die beiden größten Werte ergeben sich entweder für den Querschnitt unter P_1, wenn P_1 und R s y m m e t r i s c h zur Trägermitte stehen (Bild 28 a), oder unter P_2, wenn P_2 und R symmetrisch zu ihr stehen (Bild 28 b).

$$c_1 = P_2 \cdot c/R = 9{,}4 \cdot 3{,}0/20{,}4 = 1{,}38 \text{ m}; \quad x_{m1} = (7{,}50 - 1{,}38)/2 = 3{,}06 \text{ m}$$

$$c_2 = P_1 \cdot c/R = 11{,}0 \cdot 3{,}0/20{,}4 = 1{,}62 \text{ m}; \quad x'_{m2} = (7{,}50 - 1{,}62)/2 = 2{,}94 \text{ m}$$

Gl. (8 a): $\qquad \max M_1 = 20{,}4 \cdot (7{,}50 - 1{,}38)^2/(4 \cdot 7{,}50) = 25{,}5 \text{ kN m}$

Gl. (8 b): $\qquad \max M_2 = 20{,}4 \cdot (7{,}50 - 1{,}62)^2/(4 \cdot 7{,}50) = 23{,}5 \text{ kN m}$

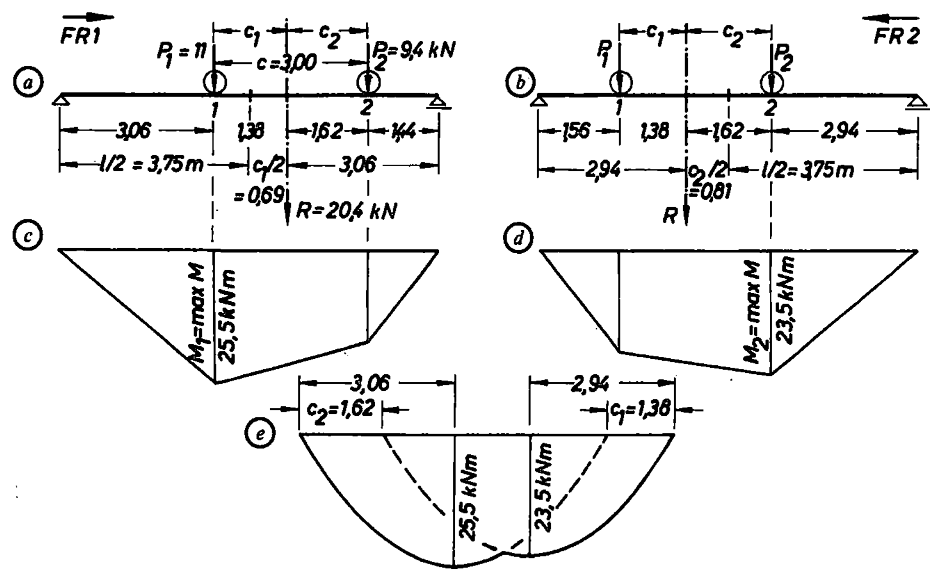

Bild 28. Ungünstigste Laststellungen mit zugehörigen Zustandslinien; max M_p-Linie.

Beispiel 4

Für das Tragwerk aus Beispiel 14 ist das überhaupt größte Moment im Feld zu berechnen.

Ergebnis: $\max M_F = 14{,}20 \text{ kN m}$

Beispiel $\boxed{5}$

Eine eingleisige Eisenbahnbrücke aus St 37 mit offener Fahrbahn (Konstruktionsschema nach Bild 3, Systemskizze Bild 29) hat eine ständige Last $g = 24$ kN/m und als Verkehrslast das Lastbild UIC 71 aufzunehmen; Schwingbeiwert für den Hauptträger $\varphi = 1{,}125$. Für die Schnittstelle $x = 9{,}00$ m sind für einen Hauptträger $\max Q_x$, $\min Q_x$ und $\max M_x$ durch Auswertung der entsprechenden EL zu berechnen.

1. Allgemeines

Die beweglichen Lasten werden zuerst von Längsträgern LT aufgenommen und von dort über Querträger QT auf den Hauptträger HT übertragen, so daß dieser in den Bereichen zwischen den Querträgern indirekt belastet ist (vgl. Zi. 1.4. und 2.1.2.). Auch wenn die

22

Längsträger als Durchlaufträger ausgebildet sind, werden sie bezüglich ihrer Lastübertragung auf die QT grundsätzlich als freiaufliegend angesehen.

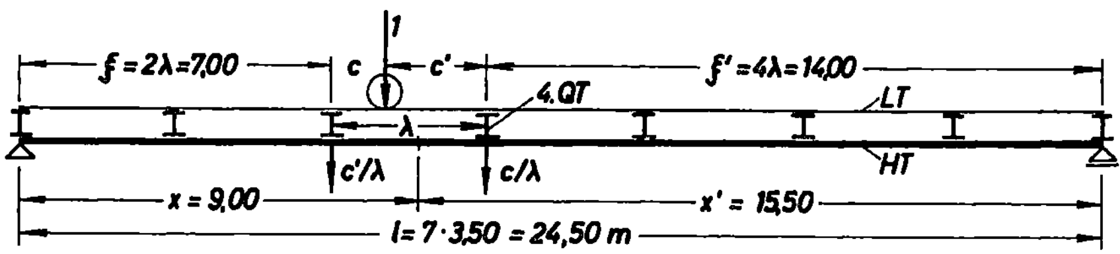

Bild 29. Systemskizze; mittelbare Lasteintragung.

Bei der Auswertung ist zu beachten, daß bei einer eingleisigen Brücke mit zwei Hauptträgern auf einen nur die Hälfte der Belastung entfällt und daß zur Ermittlung der Grenzwerte von Schnitt- und Stützgrößen, soweit erforderlich, nach DS 804 (vgl. Zi. 1.1.3.) im Lastbild UIC 71 die Anzahl der Achsen zu mindern und die Streckenlast zu teilen sind.

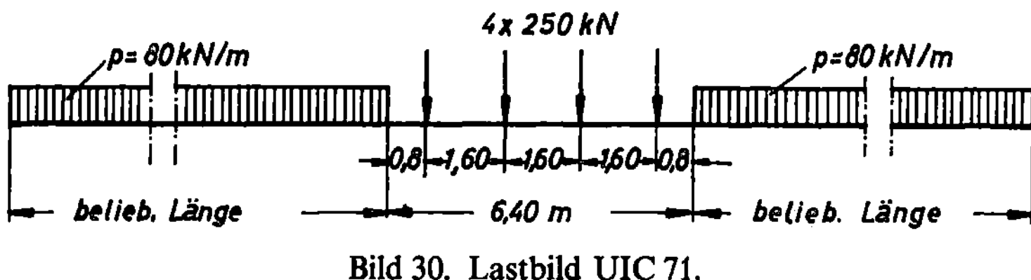

Bild 30. Lastbild UIC 71.

2. max Q_x, min Q_x

Die zu untersuchende Schnittstelle x des Hauptträgers liegt zwischen dem dritten und vierten Querträger, so daß hierfür mittelbare oder indirekte Lasteintragung vorliegt. Links vom Schnittfeld bis zum Lager A ist die EL der Querkraft dieselbe wie die für $-B$ und hat unter dem 3. QT die Ordinate nach

Gl. (4): $$\eta_l = -1 \cdot \xi/l = -1 \cdot 7{,}00/24{,}50 \; = -0{,}286$$

Rechts vom Schnittfeld bis zum Lager B wird die EL der Querkraft von der für $+A$ gebildet und hat unter dem 4. QT die Ordinate

$$\eta_r = +1 \cdot \xi'/l = +1 \cdot 14{,}00/24{,}50 = +0{,}571$$

Den gegenüber unmittelbarer Lasteintragung veränderten Verlauf der EL im Schnittfeld erhält man, indem der Endpunkt der Ordinate η_l geradlinig mit dem Endpunkt der Ordinate η_r verbunden wird, so daß sich kleinere Querkräfte ergeben.
Die Entfernung vom Lager A bis zum Lastscheidepunkt L (Bild 31) beträgt

Gl. (7c): $$s = 2 \cdot \lambda + \frac{|\eta_l| \cdot \lambda}{|\eta_l| + |\eta_r|} = 2 \cdot 3{,}50 + \frac{0{,}286 \cdot 3{,}50}{0{,}286 + 0{,}571} = 8{,}17 \,\mathrm{m} < x = 9{,}00 \,\mathrm{m}$$

Der positive Grenzwert von Q_{xp} und damit auch der von $Q_x = Q_{xg} + \varphi \cdot Q_{xp}$ wird erzielt, wenn der Lastenzug nur über dem positiven Einflußbereich in die ungünstigste Stellung gebracht wird. Diese ist zu erwarten, wenn entweder die erste Radlast (Stellung 1 im Bild 31) oder die zweite Radlast (Stellung 2) oder das Ende der Streckenlast (Stellung 3) gerade über dem 4. Querträger, also über der größten Ordinate η_r steht.
Die Auswertung ergibt den größten Wert max Q_p für die Stellung 1 (vgl. Beispiel 6).
Die Einflußordinate η_c am Ende der linken Streckenlast hat eine Größe von

Gl. (6): $\qquad \eta_c = \eta_l \cdot c'/\lambda + \eta_r \cdot c/\lambda = -0{,}286 \cdot 0{,}80/3{,}50 + 0{,}571 \cdot 2{,}70/3{,}50 = 0{,}375$

Gl. (1): max $Q_{xp} = 40 \cdot 0{,}375 \cdot 1{,}53/2 + 500 \cdot 0{,}473 + 40 \cdot 0{,}343 \cdot 8{,}40/2 \qquad = 305{,}6$ kN

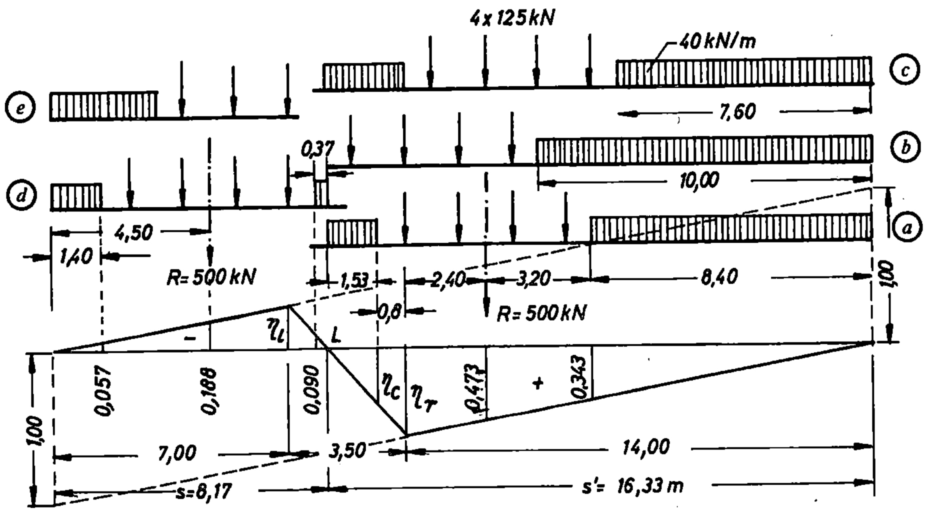

Bild 31. EL für Q_x mit auszuwertenden Laststellungen.

Für den negativen Grenzwert sind nur die beiden Stellungen 4 und 5 zu untersuchen, wobei die Auswertung für die Laststellung 4, bei der die erste Radlast über der größten negativen Ordinate η_l, also über dem 3. QT steht, den ungünstigsten Wert ergibt (vgl. Beispiel 6).

Gl. (1): $\qquad$ min $Q_{xp} = -40 \cdot 0{,}057 \cdot 1{,}40/2 - 500 \cdot 0{,}188 - 40 \cdot 0{,}090 \cdot 0{,}37/2 = -96{,}3$ kN

Für einen Hauptträger entfällt eine ständige Last von $g = 24/2 = 12$ kN/m und damit wird nach

Gl. (7): $\qquad Q_{xg} = g \cdot (A_r - A_l) = g \cdot (b - a)/2 = 12 \cdot (14{,}00 - 7{,}00)/2 \qquad = 42{,}0$ kN

Gl. (2a): max $Q_x = Q_{xg} + \varphi \cdot$ max $Q_{xp} \qquad = 42 + 1{,}125 \cdot 305{,}6 \qquad = 385{,}8$ kN

$\qquad\qquad$ min $Q_x = Q_{xg} - \varphi \cdot$ min $Q_{xp} \qquad = 42 - 1{,}125 \cdot 96{,}3 \qquad = 66{,}3$ kN

24

3. max M_x

Die EL für M_x ist links vom Schnittfeld die x'-fache EL des Lagerdrucks B und hat unter dem 3. QT die Ordinate

Gl. (5a): $$\eta_l = 1 \cdot x' \cdot \xi/l = 15{,}50 \cdot 7{,}00/24{,}50 = 4{,}43 \text{ m}$$

während sie rechts vom Schnittfeld die x-fache EL des Lagerdrucks A ist und unter dem 4. QT die Ordinate

$$\eta_r = 1 \cdot x \cdot \xi'/l = 9{,}00 \cdot 14{,}00/24{,}50 = 5{,}14 \text{ m}$$

hat. Die beiden Geraden schneiden sich unter der Schnittstelle und würden so die EL für M_x bei unmittelbarer Lasteintragung bilden. Da aber für die Schnittstelle x mittelbare Lasteintragung vorliegt, ändert sich die EL im Schnittfeld und verläuft geradlinig von η_l nach η_r, wodurch die Spitze der dreiecksförmigen Einflußfläche abgeschnitten und M_x verkleinert wird.

Zeichnerisch erfolgt ihre Darstellung, wenn der Ordinatenmaßstab gleich dem Längenmaßstab gewählt wird, indem die Strecken $x = 9{,}00$ m unter A und $x' = 15{,}50$ m unter B abgetragen werden, ihre Endpunkte mit den gegenüberliegenden Lagern verbunden, die Ordinaten η_l unter dem 3. QT und η_r unter dem 4. QT eingetragen und sodann deren Endpunkte miteinander verbunden werden.

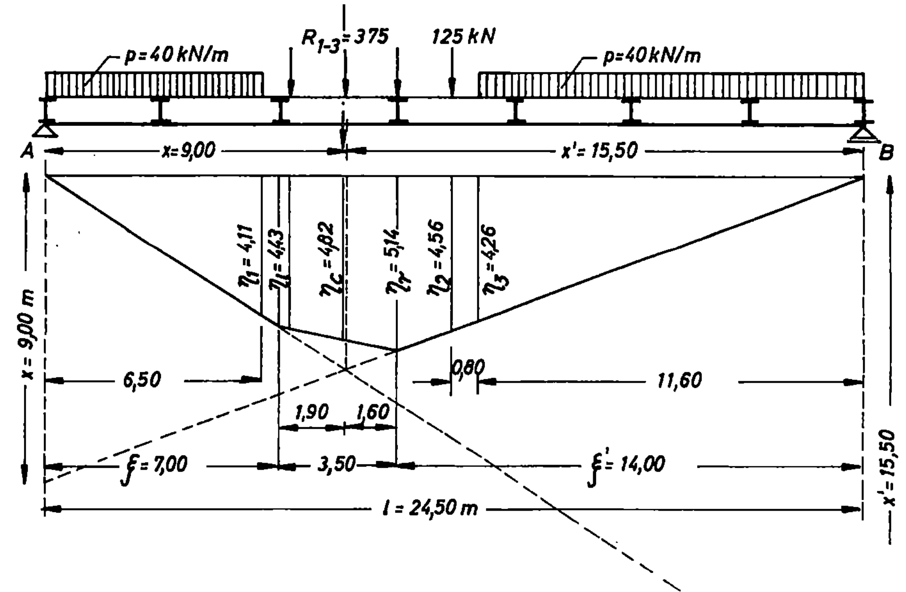

Bild 32. EL für M_x mit ungünstigster Laststellung.

Zur Bestimmung von max M_{xp} wird der Lastenzug wieder in die ungünstigste Stellung gebracht, die dadurch erzielt wird, daß eine der gleich großen Radlasten über der größten

Ordinate η_r steht. Die Ordinaten, die für die Auswertung der in Bild 32 dargestellten Laststellung benötigt werden, können aus der Zeichnung abgemessen oder berechnet werden.

$$\eta_1 = \eta_l \cdot 6{,}50/7{,}00 \qquad = 4{,}43 \cdot 6{,}50/7{,}00 \qquad\qquad = 4{,}11 \text{ m}$$

Gl. (6): $\quad \eta_c = \eta_l \cdot c'/\lambda + \eta_r \cdot c/\lambda = 4{,}43 \cdot 1{,}60/3{,}50 + 5{,}14 \cdot 1{,}90/3{,}50 = 4{,}82 \text{ m}$

$$\eta_2 = \eta_r \cdot 12{,}40/14{,}00 \quad = 5{,}14 \cdot 12{,}40/14{,}00 \qquad\qquad = 4{,}56 \text{ m}$$

Für diese Werte ergibt die Auswertung

$$\max M_{xp} = 40 \cdot (4{,}11 \cdot 6{,}50 + 4{,}26 \cdot 11{,}60)/2 + 375 \cdot 4{,}82 + 125 \cdot 4{,}56 = 3900 \text{ kN m}$$

Mit $g = 12$ kN/m und $A = 68{,}2$ m^2 erhält man $M_{xg} = 818$ kN m und dann den Grenzwert

Gl. (2 b): $\qquad \max M_x = M_{xg} + \varphi \cdot \max M_{xp} = 818 + 1{,}125 \cdot 3900 = 5206 \text{ kN m}$

Der Nachweis, daß M_{xp} wirklich der größte Wert ist, wird erbracht, indem entsprechend Zi. 1.5.2. der Lastenzug sowohl um einen Achsabstand von 1,60 m nach links als auch um einen Abstand nach rechts verschoben und auch für diese Laststellungen die Auswertung durchgeführt wird. Es empfiehlt sich, den Lastenzug auf einen Streifen Transparentpapier aufzuzeichnen, diesen über der Einflußlinie in die verschiedenen Stellungen zu bringen und jeweils die Summe der Ordinaten unter den Radlasten mit einem Stechzirkel zu bilden.

Beispiel 6

Für obiges Beispiel sind folgende Auswertungen durchzuführen:

1. Q_{xp} für die Laststellungen 2, 3 und 5 im Bild 31.
2. M_{xp} für den gegenüber Bild 32 um 1,60 m nach links sowie den um 1,60 m nach rechts verschobenen Lastenzug.

Ergebnisse:

Stellung 2: $Q_{xp} = +293{,}7$ kN; Stellung 3: $Q_{xp} = +294{,}2$ kN; Stellung 5: $Q_{xp} = -90{,}3$ kN

Verschiebung nach links: $M_{xp} = 3843$ kN m; Verschiebung nach rechts: $M_{xp} = 3866$ kN m

Beispiel 7

Für das Tragwerk des Beispiels 1 sind die Grenzwertlinien der Querkräfte und Momente durch Auswertung der EL in den Zehntelpunkten zu bestimmen.

Lösungshinweis und Ergebnisse:

Die erforderlichen EL sind aufzustellen, für den gegebenen Lastenzug auszuwerten, die ungünstigsten Werte mit $\varphi = 1{,}4$ zu vervielfachen und mit den entsprechenden Werten infolge g zu überlagern.

M_g	M_p	$\max M$ kN m	i	x/l	Q_g	$+Q_p$	$-Q_p$	$Q_g+\varphi\cdot Q_p$ kN	$Q_g-\varphi\cdot Q_p$ kN
0	0	0	0	0	+12,0	+53,6	0	+87,0	+12,0
8,6	36,2	59,3*	I	0,1	+ 9,6	+45,2	− 2,5	+72,9	+ 6,1
15,4	59,9	99,2*	II	0,2	+ 7,2	+37,4	− 5,2	+59,6	− 0,1
20,2	79,1	131,0	III	0,3	+ 4,8	+30,5	− 9,2	+47,5	− 8,1
23,0	88,5	146,9	IV	0,4	+ 2,4	+24,2	−13,4	+36,3	−16,4
24,0	88,2	147,5	V	0,5	0	+18,4	−18,4	+25,8	−25,8
			VI	0,6	− 2,4	+13,4	−24,2	+16,4	−36,3
			VII	0,7	− 4,8	+ 9,2	−30,5	+ 8,1	−47,5
			VIII	0,8	− 7,2	+ 5,2	−37,4	+ 0,1	−59,6
			IX	0,9	− 9,6	+ 2,5	−45,2	− 6,1	−72,9
			X	1,0	−12,0	0	−53,6	−12,0	−87,0

* Lok fährt rückwärts

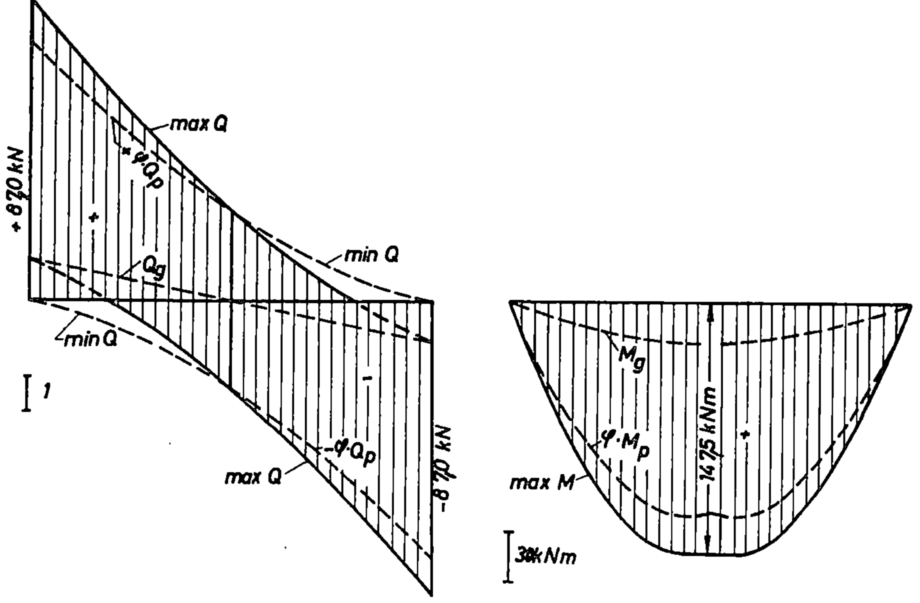

Bild 33. Grenzwertlinien der Querkräfte und Biegemomente.

Beispiel 8

Für den Hauptträger des in Bild 34 dargestellten Tragwerks sind die EL der Lagerkräfte sowie die der Querkräfte und Biegemomente in den Schnittstellen $x_1 = 4{,}00$ m und $x_2 = 9{,}50$ m zu bestimmen.

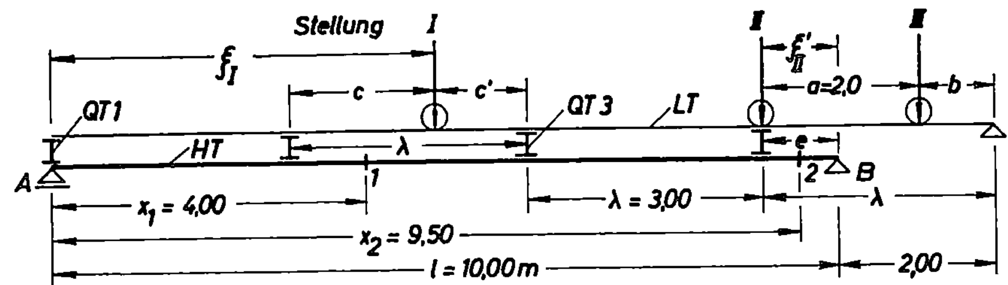

Bild 34. Tragwerkssystem.

1. EL für die Lagerkräfte

Die dimensionslose Einheitslast 1 wird in der Laststellung I zwar über zwei QT auf den HT übertragen, doch haben die beiden entstehenden Querträgerdrücke eine Resultierende, die nach Lage und Größe der ursprünglichen Last entspricht, so daß A den Wert für unmittelbare Belastung behält. Dies gilt für alle Stellungen von A bis II. In diesem Bereich ändern sich die Auflagerdrücke des HT durch indirekte Lasteintragung also nicht und damit auch nicht ihre EL. Unter den Lagern A und B des HT werden wieder die Ordinaten 1 und 0 aufgetragen; da aber das rechte Ende des LT ein vom HT unabhängiges Lager hat, wirkt sich die mittelbare Belastung auf die EL vom letzten QT ab aus. In Stellung II (Bild 34) ist $\xi = l - e$ und $\xi' = e$, und es wird nach

Gl. (3a): $\qquad\qquad \eta_{A\mathrm{II}} = 1 \cdot e/l = 1 \cdot 1{,}0/10{,}0 \qquad = 0{,}10$

Gl. (3b): $\qquad\qquad \eta_{B\mathrm{II}} = 1 \cdot (l - e)/l = 1 \cdot 9{,}0/10{,}0 = 0{,}90$

In der Laststellung III mit $b = 1{,}0$ m Abstand vom Endlager des LT wird

$$\eta_A = 1 \cdot b/\lambda \cdot e/l \qquad = b/\lambda \cdot \eta_{A\mathrm{II}} = 1{,}0/3{,}00 \cdot 0{,}10 = 0{,}033$$

$$\eta_B = 1 \cdot b/\lambda \cdot (l - e)/l = b/\lambda \cdot \eta_{B\mathrm{II}} = 1{,}0/3{,}00 \cdot 0{,}90 = 0{,}300$$

Diese beiden Gleichungen sind linear und gelten für jede Laststellung in dem Bereich von $b = 0$ bis $b = \lambda$. Daher verlaufen die EL von $\eta_{A\mathrm{II}}$ bzw. $\eta_{B\mathrm{II}}$ für $b = \lambda$ geradlinig abnehmend auf Null unter dem Endlager des LT, da mit $b = 0$ die Ordinaten η_A und η_B Null werden.

2. EL für Q_1 und Q_2

Der Querschnitt 1 liegt zwischen den lasteintragenden Querträgern QT 2 und QT 3, so daß für jede Laststellung auf diesem LT-Bereich mittelbare Belastung des HT vorliegt. Für die Laststellung über QT 2 mit $\xi = 3{,}00$ m und für die über QT 3 mit $\xi' = 4{,}00$ m werden die Ordinaten nach

Gl. (4): $\qquad\qquad \eta_l = -1 \cdot \xi/l = -1 \cdot 3{,}0/10{,}0 = -0{,}30$

$$\eta_r = +1 \cdot \xi'/l = +1 \cdot 4{,}0/10{,}0 = +0{,}40$$

Zwischen diesen beiden QT verläuft die EL geradlinig; sie hat bei der Laststellung I mit den Abständen $c = 2{,}00$ m und $c' = 1{,}00$ m die Einflußordinate

28

Gl. (6): $\qquad \eta_c = \eta_l \cdot c'/\lambda + \eta_r \cdot c/\lambda = -0,30 \cdot 1,0/3,0 + 0,40 \cdot 2,0/3,0 = +0,17$

und der Lastscheidepunkt (Ordinatennullpunkt) liegt bei

Gl. (7): $\qquad s = \lambda + |\eta_l| \cdot \lambda/(|\eta_l| + |\eta_r|) = 3,0 + 0,30 \cdot 3,0/0,70 = 4,29 \text{ m}$

Im übrigen Verlauf entspricht die EL links vom QT 2 der negativen EL von B und rechts vom QT 3 der EL von A.

Der Querschnitt 2 liegt bei $x_2 = 9,50$ m zwischen QT 4 und B, so daß ebenfalls mittelbare Belastung vorliegt, und da für jede Laststellung $Q_2 = -B$ ist, muß die EL für die Lagerkraft B gleichzeitig die EL für $-Q_2$ sein.

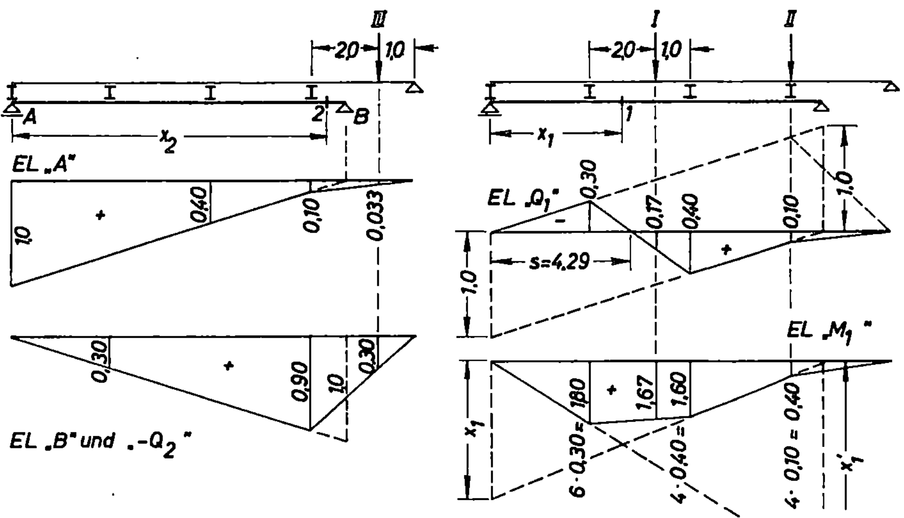

Bild 35. Einflußlinien.

3. EL für M_1 und M_2

Da für jede Laststellung im 1. LT-Bereich $M_1 = B \cdot x_1'$ ist, muß die EL für M_1 von A bis QT 2 die mit x_1' multiplizierte EL für B sein; steht dagegen eine Last rechts vom QT 3, ist $M_1 = A \cdot x_1$, und die EL für M_1 ist dort die x_1-fache EL für A einschließlich der Veränderung im 4. LT-Bereich. Die Einflußordinaten η unter QT 2 und 3 betragen

Gl. (5): $\qquad \eta_l = 1 \cdot x_1' \cdot \xi/l = 1 \cdot 6,0 \cdot 3,0/10,0 = 1,80 \text{ m}$

$\qquad\qquad\quad \eta_r = 1 \cdot x_1 \cdot \xi'/l = 1 \cdot 4,0 \cdot 4,0/10,0 = 1,60 \text{ m}$

Dazwischen verläuft die EL wegen der mittelbaren Lasteintragung geradlinig und hat für die Laststellung I die Ordinate

Gl. (6): $\qquad \eta_c = \eta_l \cdot c'/\lambda + \eta_r \cdot c/\lambda = 1,80 \cdot 1,0/3,0 + 1,60 \cdot 2,0/3,0 = 1,67 \text{ m}$

Für die Laststellung II $\qquad \eta = 1 \cdot x_1 \cdot \xi'_{II}/l = 1 \cdot 4,0 \cdot 1,0/10,0 = 0,40 \text{ m}$

Die EL für M_2 ist nichts anderes als die mit $x'_2 = 0{,}50$ m vervielfachte EL für die Lagerkraft B, denn für alle Laststellungen ist immer $M_2 = B \cdot x'_2$.

Beispiel $\boxed{9}$

Für einen Träger auf zwei Stützen mit dem Querschnitt I 340 und der Stützweite $l = 8{,}00$ m ist die Einflußlinie für die Durchbiegung im Viertelpunkt $a = 2{,}00$ m zu bestimmen.

1. Punktweise Bestimmung

Die dimensionslose Last 1 wird nacheinander in den Fünftelpunkten des Trägers aufgestellt und jeweils für diese Laststellung die Durchbiegung f_a bei $a = 2{,}00$ m ermittelt. Werden dann diese Durchbiegungen unter den sie erzeugenden Laststellungen als Einflußordinaten η_i aufgetragen, so ergibt die Verbindungslinie ihrer Endpunkte die gesuchte EL. Die Bestimmung der Durchbiegung kann erfolgen:

mit Hilfe des Satzes von Mohr (Teil 2, Zi. 7.2.1.),
mittels des Arbeitssatzes (Teil 2, Zi. 7.2.2. und Teil 3, Zi. 5.1.),
mit Hilfe von ω-Zahlen nach Zi. 2.2.1.,
mittels der Winkelgewichte (Teil 3, Beispiel 43).

Hier soll der Satz von Mohr angewendet werden, der besagt, daß die Biegelinie eines Trägers auf zwei Stützen jene Momentenlinie ist, die sich ergibt, wenn der Träger mit der durch die Biegesteifigkeit EI dividierten und durch die gegebene Belastung am Träger erzeugten Momentenfläche belastet wird (Bild 36 a).

Gl. (7,55/Teil 2): $\quad f_a = \mathfrak{M}_a/(E \cdot I) = \eta_i$ $\qquad\qquad E \cdot I = 33\,000\ \mathrm{kN\,m^2}$

für $i = 2$: $\qquad \mathfrak{M}_a = \mathfrak{B} \cdot b - M_a \cdot b/2 \cdot b/3$ $\quad$ für $i = 4, 6, 8$: $\quad \mathfrak{M}_a = \mathfrak{A} \cdot a - M_a \cdot a/2 \cdot a/3$

Laststellung i	2		4	6	8	
Abstände ξ_i	1,60		3,20	4,80	6,40	m
Abstände ξ'_i	6,40		4,80	3,20	1,60	m
$M_i = 1 \cdot \xi_i \cdot \xi'_i/l$	1,28		1,92	1,92	1,28	m
$M_a = M_i \cdot b/\xi'_i$	1,20	$M_a = M_i \cdot a/\xi_i$	1,20	0,80	0,40	m
$\mathfrak{F} = M_i \cdot l/2$	5,12		7,68	7,68	5,12	$\mathrm{m^2}$
$x_s = (l + \xi_i)/3$	3,20	$x'_s = (l + \xi'_i)/3$	4,27	3,73	3,20	m
$\mathfrak{B} = \mathfrak{F} \cdot x_s/l$	2,05	$\mathfrak{A} = \mathfrak{F} \cdot x'_s/l$	4,10	3,58	2,05	$\mathrm{m^2}$
$\mathfrak{B} \cdot b$	12,29	$\mathfrak{A} \cdot a$	8,19	7,17	4,10	$\mathrm{m^3}$
$M_a \cdot b^2/6$	7,20	$M_a \cdot a^2/6$	0,80	0,53	0,27	$\mathrm{m^3}$
$\mathfrak{M}_a$	5,09		7,39	6,64	3,83	$\mathrm{m^3}$
$\eta_i = \mathfrak{M}_a/(E \cdot I)$	0,15		0,22	0,20	0,12	mm/kN

2. Bestimmung als Biegelinie

Nach dem Maxwellschen Satz von der Gegenseitigkeit der elastischen Formänderungen (vgl. Teil 3, Zi. 2.2.4.) ist die Durchbiegung f_{a2} des Ortes a infolge $P = 1$ in $i = 2$ gleich der Durchbiegung f_{2a} des Ortes 2 infolge $P = 1$ in a und ganz allgemein ist die Durchbiegung f_{ai} des Ortes a infolge $P = 1$ in i gleich der Durchbiegung f_{ia} des Ortes i infolge $P = 1$ in a. Das bedeutet aber nichts anderes, als daß die Einflußlinie für die Durchbiegung in a gleich der Biegelinie des Trägers infolge $P = 1$ im Ort a ist.

Die Ermittlung erfolgt wieder nach M o h r (Bild 36 b), wobei infolge der Last $P = 1$ am

Angriffsort a ein Moment von der Größe $\quad M_a = P \cdot a \cdot b/l = 1 \cdot 2{,}0 \cdot 6{,}0/8{,}0 = 1{,}50 \text{ m}$

entsteht. Der Inhalt der Momentenfläche beträgt

$$\mathfrak{F} = M_a \cdot l/2 = 1{,}50 \cdot 8{,}0/2 \quad = 6{,}00 \text{ m}^2$$

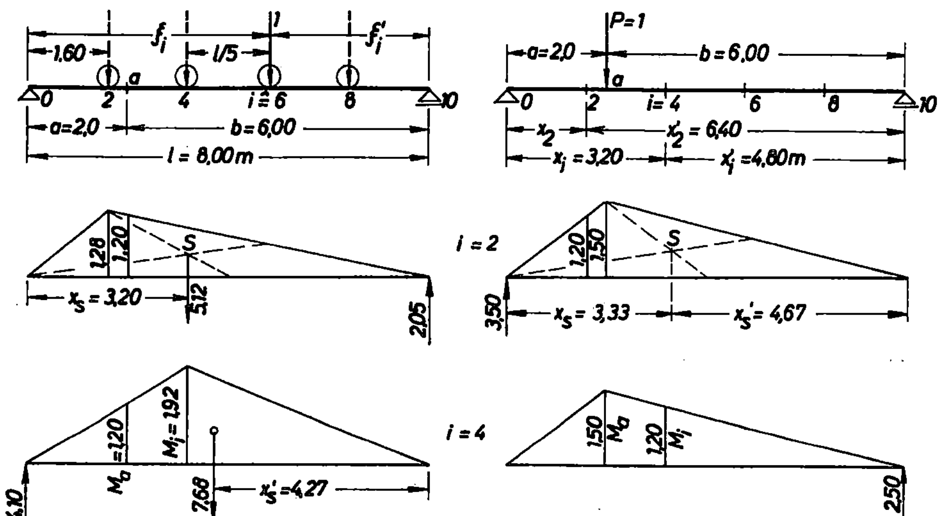

Bild 36 a. Last 1 verändert ihre Stellung, Schnittstelle a bleibt unverändert, also Einflußlinie.

Bild 36 b. Last P bleibt in a stehen, Schnittstelle x als Ort der Durchbiegung ist veränderlich, also Biegelinie $\hat{=}$ EL „f_a".

Die Schwerpunktsabstände der M-Fläche in Bild 36 b:

$$x_s = (l + a)/3 = (8{,}0 + 2{,}0)/3 = 3{,}33 \text{ m}$$

$$x_s' = (l + b)/3 = (8{,}0 + 6{,}0)/3 = 4{,}67 \text{ m}$$

Die Lagerdrücke durch die M-Flächenbelastung:

$$\mathfrak{A} = \mathfrak{F} \cdot x_s'/l = 6{,}0 \cdot 4{,}67/8{,}0 = 3{,}50 \text{ m}^2$$

$$\mathfrak{B} = \mathfrak{F} \cdot x_s/l = 6{,}0 \cdot 3{,}33/8{,}0 = 2{,}50 \text{ m}^2$$

Damit können die Momente in den Punkten 2 bis 8 und nach Division mit EI auch die Durchbiegungen in diesen Stellen tabellarisch berechnet werden.

Ort der Durchbiegung i	2		4	6	8	
Entfernung x_i von A	1,60		3,20	4,80	6,40	m
Entfernung x_i' von B	6,40		4,80	3,20	1,60	m
$M_i = M_a \cdot x_i/a$	1,20	$M_i = M_a \cdot x_i'/b$	1,20	0,80	0,40	m
$\Delta\mathfrak{F}_i = M_i \cdot x_i/2$	0,96	$\Delta\mathfrak{F}_i' = M_i \cdot x_i'/2$	2,88	1,28	0,32	m^2
$\mathfrak{A} \cdot x_i$	5,60	$\mathfrak{B} \cdot x_i'$	12,00	8,00	4,00	m^3
$\Delta\mathfrak{F}_i \cdot x_i/3$	0,51	$\Delta\mathfrak{F}_i \cdot x_i'/3$	4,61	1,36	0,17	m^3
$\mathfrak{M}_x = \mathfrak{A} \cdot x_i - \Delta\mathfrak{F}_i \cdot x_i/3$	5,09	$\mathfrak{M}_x = \mathfrak{B} \cdot x_i' - \Delta\mathfrak{F}_i \cdot x_i'/3$	7,39	6,64	3,83	m^3
$f_x = \mathfrak{M}_x/(E \cdot I)$	0,15		0,22	0,20	0,12	mm/kN

Beispiel 10

Für den Träger des vorigen Beispiels sind die Einflußordinaten der übrigen Zehntel-punkte für die Durchbiegung im Viertelpunkt a zu berechnen. Die EL ist sodann aufzu-tragen.

Ergebnisse:

$$\eta_1 = 0{,}08, \quad \eta_3 = 0{,}20, \quad \eta_5 = 0{,}22, \quad \eta_7 = 0{,}16, \quad \eta_9 = 0{,}06 \text{ mm/kN}$$

Beispiel $\boxed{11}$

Zwei frei aufliegende Träger mit dem Profil IPBl 400 sind über der Stütze B gelenkig miteinander verbunden. Die Einflußlinie für die gegenseitige Verdrehung der beiden Stabenden in B ist zu ermitteln.

1. Punktweise Bestimmung

Die gegenseitige Verdrehung γ setzt sich aus den beiden Enddrehwinkeln β_B des linken und α_B des rechten Feldes zusammen, es ist also $\gamma = \beta_B + \alpha_B$ (Bild 37a). Solange $P = 1$ nur auf dem linken Feld rollt, ist $\alpha_B = 0$ und $\gamma = \beta_B$, während für $P = 1$ am rechten Feld $\beta_B = 0$ und $\gamma = \alpha_B$ ist. Die EL kann daher punktweise bestimmt werden, indem am linken Träger für eine rollende Einheitslast 1 in den Stellungen 1 bis 9 jedesmal die rechten Enddrehwinkel β_B und sodann am rechten Träger in den Stellungen 11 bis 19 die linken Enddrehwinkel α_B berechnet, als Ordinaten η unter den jeweiligen Laststellungen aufge-tragen und ihre Endpunkte miteinander verbunden werden.

2. Bestimmung als Biegelinie

Der Satz von Maxwell über die gegenseitige Gleichheit von Formänderungen (vgl. Teil 3, Zi. 2.2.4.) besagt, daß $\alpha_{ik} = f_{ki}$ ist, daß also die Verdrehung β_{B6} oder α_{B14} des Punktes B infolge $P = 1$ in den Laststellungen 6 oder 14 gleich den Durchbiegungen f_{6B} oder f_{14B} der Orte 6 oder 14 infolge $M_B = 1$ sind. Die gesuchten Einflußordinaten sind also Durch-biegungen in diesen Punkten infolge eines in B angreifenden Momentenpaares $M_B = 1$.

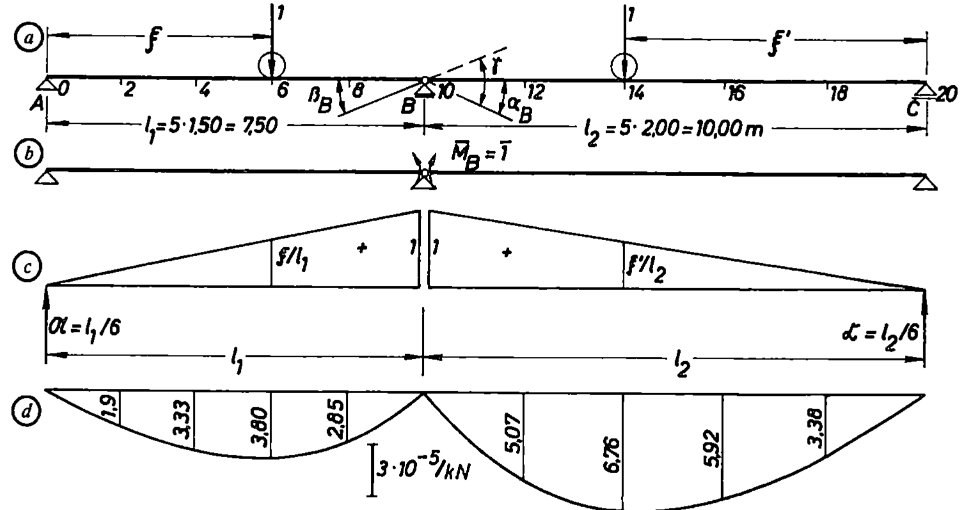

Bild 37. a. Gegebener Träger; b. Belastung durch $\bar{M}_B = \bar{1}$; c. $\bar{M}$-Fläche als Belastung; d. EL der gegenseitigen Verdrehung.

Nach dem Satz von Mohr werden die sich ergebenden M-Flächen – zwei Dreiecke mit der Ordinate 1 über B (Bild 37 c) – als Belastung angesehen, in den Fünftelpunkten 2 bis 18 die Biegemomente $\mathfrak{M}_\xi$ berechnet und sodann durch EI dividiert. Hierbei ist es zweckmäßig, nach

Zi. 2.2.1.:
$$\mathfrak{M}_\xi = \frac{M \cdot l^2}{6} \cdot \omega_D$$

mittels der ω_D-Zahlen (Seite 13) zu ermitteln.

Mit dem Elastizitätsmodul $E = 21\ 000\ \mathrm{kN/cm^2}$

und dem Trägheitsmoment $I = 45\ 070\ \mathrm{cm^4}$

also mit der Biegesteifigkeit $E \cdot I = 9465 \cdot 10^5\ \mathrm{kN\,cm^2} = 94\ 650\ \mathrm{kN\,m^2}$

ergibt sich

Punkt i	$M \cdot l^2/6$ $\mathrm{m^2}$	$\omega_D;\ \omega_D'$	$\mathfrak{M}_\xi = E \cdot I \cdot \eta$ $\mathrm{m^2}$	η $1/\mathrm{kN}$
2	$7,5^2/6 = 9,375$	0,1920	1,80	$1,90 \cdot 10^{-5}$
4		0,3360	3,15	$3,33 \cdot 10^{-5}$
6		0,3840	3,60	$3,80 \cdot 10^{-5}$
8		0,2880	2,70	$2,85 \cdot 10^{-5}$
12	$10^2/6 = 100/6$	0,2880	4,80	$5,07 \cdot 10^{-5}$
14		0,3840	6,40	$6,76 \cdot 10^{-5}$
16		0,3360	5,60	$5,92 \cdot 10^{-5}$
18		0,1920	3,20	$3,38 \cdot 10^{-5}$

Die gesuchte EL ist in Bild 37d aufgetragen.
In Beispiel 42 wird dieses Tragwerk als statisch bestimmtes GS gewählt und die ermittelte Biegelinie zur Bestimmung der EL der statischen Unbekannten $X_1 \triangleq M_B$ wieder verwendet.

Beispiel 12

Für den Träger des vorigen Beispiels sind die Einflußordinaten der übrigen Zehntelpunkte für die gegenseitige Verdrehung der beiden Stabenden zu berechnen.

Ergebnisse in $10^{-5}/\text{kN}$:

$\eta_1 = 0{,}98, \quad \eta_3 = 2{,}71, \quad \eta_5 = 3{,}72, \quad \eta_7 = 3{,}54, \quad \eta_9 = 1{,}69$

$\eta_{11} = 3{,}01, \quad \eta_{13} = 6{,}29, \quad \eta_{15} = 6{,}61, \quad \eta_{17} = 4{,}81, \quad \eta_{19} = 1{,}74.$

3. Einflußlinien für Träger mit Kragarmen und für Gelenkträger

3.1. EL für Träger auf zwei Stützen mit Kragarmen

Für die EL der Lagerkräfte sowie der Querkräfte und der Biegemomente in Schnittstellen innerhalb des Feldes eines Trägers auf zwei Stützen mit Kragarmen gelten ebenfalls die Gl. (3 bis 5) des vorigen Kapitels, bei denen für Laststellungen von $P = 1$ innerhalb des Feldes die Abstände ζ und ζ' wie bisher positiv bleiben, während für Laststellungen auf den beiden Kragarmen diese Abstände entsprechend Bild 38a mit negativen Vorzeichen einzusetzen sind. Für Schnittstellen im Bereich zwischen den Stützen stimmen daher diese EL vollständig mit jenen der Träger ohne Kragarme überein; im Bereich der Kragarme setzen sie sich dann bis zu den Kragarmenden geradlinig fort.
Genau wie bei einseitig eingespannten Trägern – den sog. Freiträgern (vgl. Teil 1, Zi. 7.) – entstehen in Schnittstellen auf den beiden Kragarmen immer nur dann innere Kräfte, wenn sich die Last $P = 1$ links des Schnittes am linken Kragarm bzw. rechts des Schnittes am rechten Kragarm befindet. Daher haben die EL für Schnittstellen im Bereich der Kragarme einen anderen Verlauf; sie stimmen mit denen von Freiträgern überein. Die El erstrecken sich immer nur vom Schnitt bis zum Kragarmende, wobei ζ und ζ' die Abstände von der Last bis zum untersuchten Querschnitt bedeuten und immer positiv sind (vgl. Bild 40).
Die EL der Querkräfte verlaufen parallel zur Systemachse; für Schnitte am linken Kragarm haben sie die konstante Ordinate -1 und für solche am rechten Kragarm die konstante Ordinate $+1$. Die EL der Biegemomente steigen sowohl am linken als auch am rechten Kragarm von der Schnittstelle ab unter 45° negativ nach außen an, da sie die linear veränderlichen Ordinaten $-1 \cdot \zeta$ bzw. $-1 \cdot \zeta'$ haben (vgl. Beispiel 13).

3.2. EL für den Gerberträger

Jeder Gelenkträger (Gerberträger, vgl. Teil 1, Zi. 9.) ist aus Trägern auf zwei Stützen mit Kragarmen und eingehängten Trägern, also freiaufliegende Träger ohne Kragarme, zusammengesetzt, so daß seine EL auch mit denen dieser Systeme in deren Bereichen übereinstimmen müssen.

Die EL für die Auflagerdrücke, für die Gelenkdrücke sowie für die Schnittkräfte der eingehängten Träger enden an den Gelenken, da Laststellungen von $P = 1$ im Bereich der Träger mit Kragarmen keinen Einfluß auf die eingehängten Träger ausüben. Dagegen werden die Lager- und Schnittkräfte der Träger mit Kragarmen auch von Laststellungen auf den benachbarten eingehängten Trägern durch deren Gelenkdrücke beeinflußt, weshalb sich die EL dieser Teilsysteme über die Kragarmenden hinaus bis an die Enden des betreffenden Einflußbereichs erstrecken (vgl. Beispiel 16).

> Die Ordinaten aller EL von Gelenkträgern sind unter den Stützen Null, nur die EL einer Lagerkraft hat unter dem eigenen Lager die Ordinate $\eta = 1$. Unter den Gelenkpunkten weisen alle EL einen Knick auf.

3.3. Mittelbare Lasteintragung

Die EL der Lagerkräfte sind bei mittelbarer oder indirekter Lasteintragung (vgl. Zi. 1.4.) dieselben wie bei unmittelbarer oder direkter Belastung. Die EL der Querkräfte erhalten wieder im Bereich des geschnittenen Feldes anstelle der senkrechten Verbindung an der Schnittstelle zwischen den beiden lasteintragenden Querträgern eine schräge Verbindung, während bei den EL der Biegemomente wieder die Dreiecksspitze abgeschnitten wird. Es gelten also die in Zi. 2.1.2. und im Beispiel 5 gemachten Ausführungen sinngemäß.

Beispiel $\boxed{13}$

Für einen Träger auf zwei Stützen mit beiderseitigen Kragarmen sind bei unmittelbarer Lasteintragung folgende EL zu bestimmen:

1. für die Lagerkräfte A und B,
2. für die Querkräfte in den Schnittstellen 1 bis 5,
3. für die Biegemomente in den Schnittstellen 1 bis 5.

1. EL für die Lagerkräfte A und B

Die EL der beiden Lagerkräfte verlaufen genau wie beim Träger auf zwei Stützen und setzen sich geradlinig über die Auflager bis an die Kragarmenden fort, d.h., die beiden Gleichungen (3a und b) gelten auch hier, wobei allerdings zu beachten ist, daß ζ und ζ' entsprechend Bild 38a mit Vorzeichen einzusetzen sind.

Gl. (3a), EL „A": $\qquad \eta = 1 \cdot \zeta'/l$

Steht $P = 1$ am linken Kragarmende, wird $\zeta' = l + a_1 = 13{,}0$ m und

$$\eta = 1 \cdot 13{,}0/10{,}0 = +1{,}30$$

während für $P = 1$ am rechten Kragarmende $\zeta' = -a_2 = -2{,}0$ m wird.

$$\eta = 1 \cdot (-2{,}0)/10{,}0 = -0{,}20$$

Gl. (3b), EL „B": $\qquad \eta = 1 \cdot \zeta/l$

Steht $P = 1$ am linken Kragarmende, wird jetzt $\xi = -a_1 = -3{,}0$ m und

$$\eta = 1 \cdot (-3{,}0)/10{,}0 = -0{,}30$$

während für $P = 1$ am rechten Kragarmende $\xi = l + a_2 = 12{,}0$ m wird.

$$\eta = 1 \cdot 12{,}0/10{,}0 = +1{,}20$$

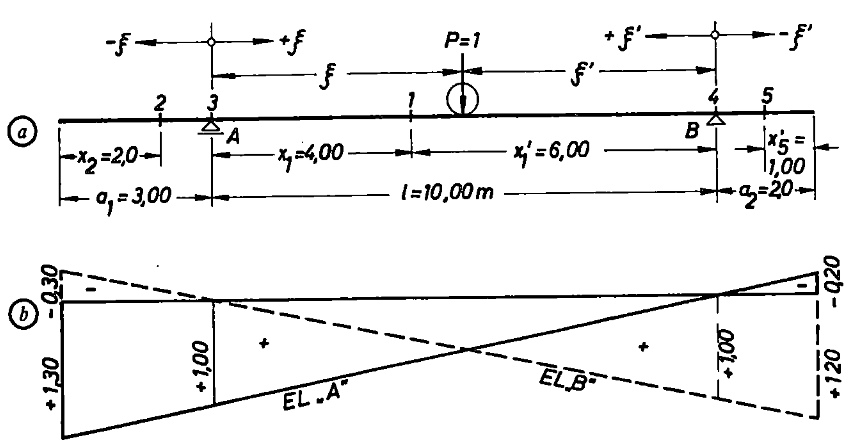

Bild 38a. Tragwerk mit Schnittstellen. b. EL für A und für B.

2. EL für Q und M, Schnittstellen im Feld

Auch die EL der Querkräfte und Biegemomente sind für Schnittstellen zwischen den Stützen die gleichen wie beim Träger auf zwei Stützen und setzen sich ebenfals geradlinig bis zu den Kragarmenden fort. Folglich ist die EL der Querkraft links vom Schnitt identisch mit der negativen von B und rechts davon identisch mit der von A. Für die Laststellungen $\xi = x_1 = 4{,}0$ m bzw. $\xi' = x_1' = 6{,}0$ m betragen die Ordinaten nach

Gl. (4):
$$\eta_l = -1 \cdot \xi/l = -1 \cdot 4{,}0/10{,}0 = -0{,}40$$
$$\eta_r = +1 \cdot \xi'/l = +1 \cdot 6{,}0/10{,}0 = +0{,}60$$
$$|\Sigma| = 1{,}00$$

In Bild 39a ist diese EL und in Bild 39b diejenige für die Querkraft an der Schnittstelle $3_r = A_r$ dargestellt. Hier ist für die Laststellung $\xi = x_3 = 0$ die Ordinate $\eta_l = 0$, und für $\xi' = x_3' = 10{,}0$ m ergibt sich $\eta_r = 1{,}0$.

Die EL der Biegemomente sind für Schnittstellen im Feld bei Laststellungen rechts vom Schnitt wieder die x-fachen EL von A und bei Laststellungen links davon die x'-fachen EL von B, und es gelten auch hier wieder die Gleichungen (5a, b). Steht die Last am rechten Ende, also $\xi' = -a_2$, ist nach

Gl. (5a):
$$\eta_r = 1 \cdot x_1 \cdot \xi'/l = 1 \cdot 4{,}0 \cdot (-2{,}0)/10{,}0 = -0{,}80 \text{ m}$$

und für die Laststellung am linken Kragarmende bei $\xi = -a_1$

$$\eta_l = 1 \cdot x_1' \cdot \xi/l = 1 \cdot 6{,}0 \cdot (-3{,}0)/10{,}0 = -1{,}80 \text{ m}$$

Wenn die Last $P = 1$ in der Schnittstelle steht (Bild 39c), gilt

Gl. (5b):
$$\eta_1 = 1 \cdot x_1 \cdot x_1'/l = 1 \cdot 4{,}0 \cdot 6{,}0/10{,}0 = +2{,}40 \text{ m}$$

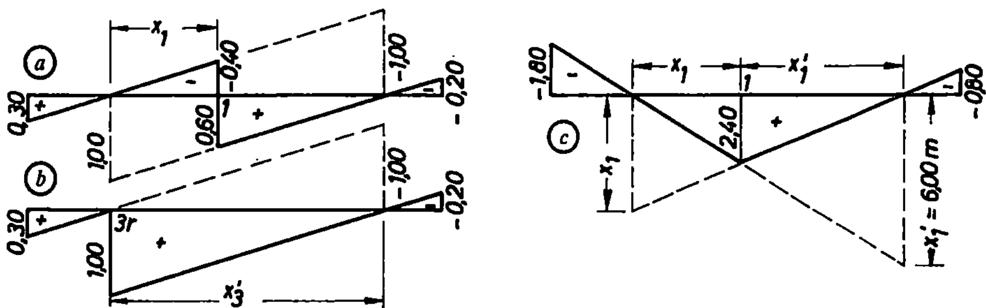

Bild 39a. EL für Q_1; b. EL für Q_{3r}; c. EL für M_1.

3. EL für Q und M, Schnittstellen 2 bis 5 in den Kragarmen

Für Schnittstellen im Bereich der Kragarme haben die EL für Q und M einen anderen Verlauf, da sie sich jetzt nur von den Kragarmenden bis zu den betreffenden Schnittstellen erstrecken. Für die Schnitte 2 und $3_l = A_l$ bzw. 5 und $4_r = B_r$ sind die Querkraftordinaten jeweils ∓ 1, da die Querkraft bei jeder Laststellung außerhalb der Schnittstellen konstant bleibt, während sie für Laststellungen zwischen den Schnitten immer Null ist.

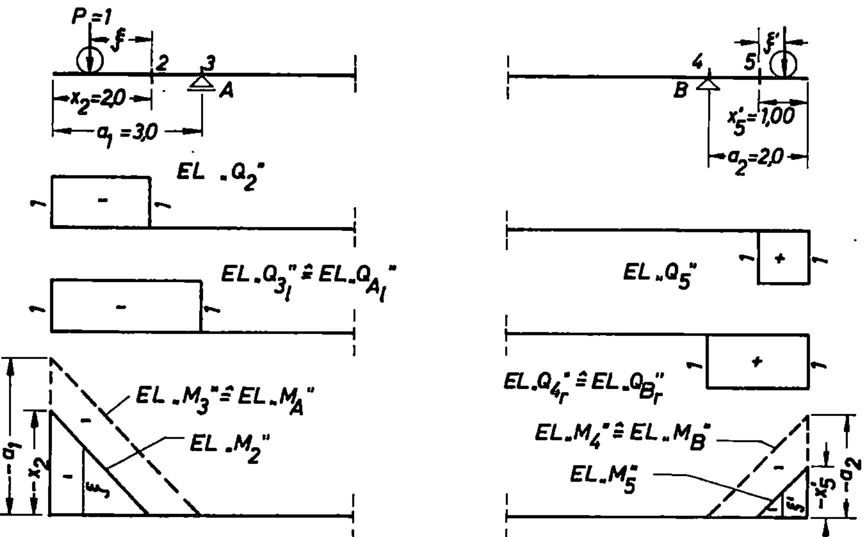

Bild 40a. Die EL für die Schnitte auf den Kragarmen.

Bei den Biegemomenten ist es ähnlich. Werden hier die veränderlichen Laststellungsabstände von der Schnittstelle nach a u ß e n gewählt, so ergeben sich für eine Last $P = 1$ am linken Kragarmende $\xi = x_2$ bzw. $\xi = a_1$

$$\eta_2 = -1 \cdot \xi = -1 \cdot x_2 = -1 \cdot 2,0 = -2,0 \text{ m}; \quad \eta_3 = -1 \cdot \xi = -1 \cdot a_1 = -1 \cdot 3,0 = -3,0 \text{ m}$$

und für $P = 1$ am rechten Kragarm mit $\xi' = a_2$ bzw. $\xi' = x'_5$

$$\eta_4 = -1 \cdot \xi' = -1 \cdot a_2 = -1 \cdot 2,0 = -2,0 \text{ m}$$
$$\eta_5 = -1 \cdot \xi' = -1 \cdot x'_5 = -1 \cdot 1,0 = -1,0 \text{ m}$$

d. h., alle EL der Biegemomente verlaufen von den Schnittstellen ab unter 45° nach außen; ihre Ordinaten sind immer negativ.

Beispiel 14

Das Tragwerk des vorigen Beispiels sei ein Kranbahnträger, der die maximalen Raddrücke $P_1 = 4,0$ kN und $P_2 = 3,0$ kN mit dem Radstand $c = 2,30$ m des Krans aufnehmen muß Diese Lastengruppe kann nach links oder rechts bis in eine Endstellung von jeweils 0,50 m vor den Kragarmenden fahren und ist für die Auswertung als Einheit zu betrachten. Für diese Verkehrsbelastung a l l e i n und o h n e Berücksichtigung eines Stoßzuschlages sind zu berechnen:

max A,   max Q_{Ar},   max M_A,

max B,   max Q_1,   max M_1,

min A,   min Q_1,   min M_1.

Vgl. Beispiel 4.

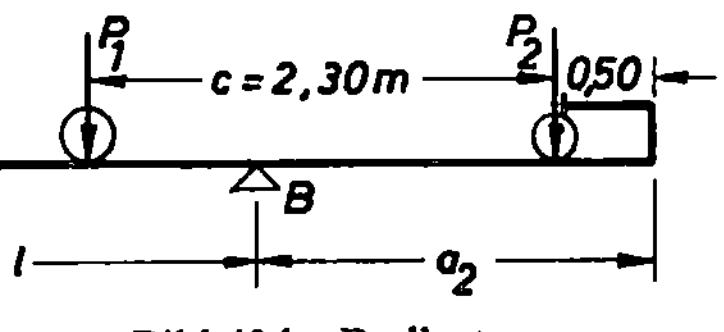

Bild 40 b. Radlasten.

Ergebnisse:

max A =   8,06 kN,   max Q_{Ar} =   6,31 kN,   max M_A = $-$ 10,60 kNm,

max B =   7,13 kN,   max Q_1 =   3,51 kN,   max M_1 =   14,04 kNm,

min A = $-$ 0,13 kN,   min Q_1 = $-$ 1,88 kN,   min M_1 = $-$ 6,36 kNm.

Beispiel $\boxed{15}$

Für das in Bild 41 a dargestellte Tragwerk, bei dem die Lasten nur auf dem oberen Träger rollen, sind die EL für A, B, Q_1, M_1, Q_2, M_2, Q_3 und M_3 zu bestimmen.

Vgl. Teil 1, Beispiel 115.

1. EL für A, B, Q_1 und M_1

Diese vier EL entsprechen denen eines Trägers auf zwei Stützen mit einem Kragarm mit dem Unterschied, daß diese erst in C beginnen und in E enden, weil die Lasten nur auf dem oberen Träger CDE rollen. Es gelten also die Gleichungen (3 bis 5):

$$\text{EL } „A“, \quad P = 1 \text{ in } C: \quad \eta = 1 \cdot e/l_1 \qquad\qquad = \quad 4/7$$
$$\qquad\qquad\quad P = 1 \text{ in } E: \quad \eta = 1 \cdot (-a_1 - a_2)/l_1 \ = \ -4{,}5/7$$
$$\text{EL } „B“, \quad P = 1 \text{ in } C: \quad \eta = 1 \cdot c/l_1 \qquad\qquad = \quad 3/7$$
$$\qquad\qquad\quad P = 1 \text{ in } E: \quad \eta = 1 \cdot (c + l_2 + a_2)/l_1 = \ 11{,}5/7$$

Da die Lasten auf den unteren Träger nicht unmittelbar einwirken, ist die EL für Q_1 mit der für A identisch und die EL für M_1 entspricht der $x_1 = 2{,}0$-fachen EL für A.

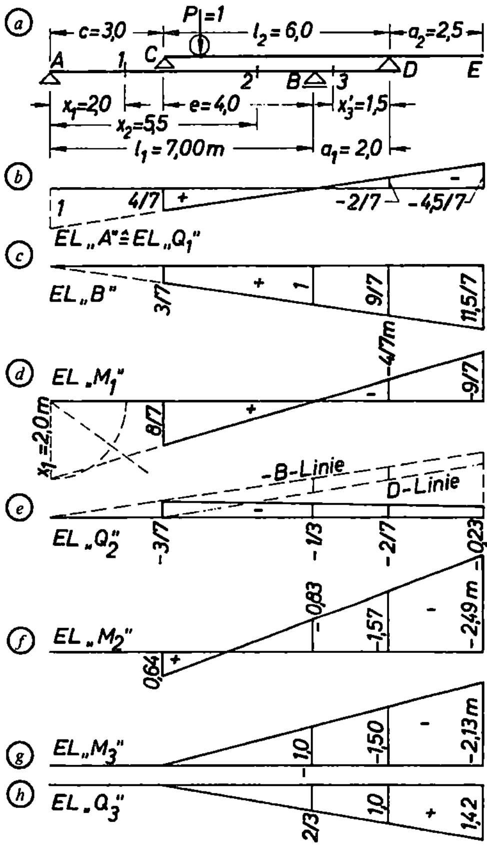

Bild 41 a–b. Tragwerk und die gesuchten EL.

2. Schnitt 2

Da $Q_2 = A - C = -B + D$ ist, können die EL als Differenz dieser beiden EL bestimmt werden (in Bild 41 e gestrichelt). Schneller geht die direkte Berechnung zweier Ordinaten; es ist z. B.

EL „Q_2“, $P = 1$ in C: $\eta = -B + D = -B + 0 = -3/7$

$\qquad\qquad P = 1$ in D: $\eta = \quad A - C = \quad A - 0 = -2/7$

Entsprechend ist $M_2 = A \cdot x_2 - C \cdot (x_2 - c)$ und die Ordinaten betragen für

EL „M_2“, $P = 1$ in C: $\eta = \quad 4/7 \cdot 5{,}5 - 1 \cdot (5{,}5 - 3{,}0) \quad = +0{,}64$ m

$\qquad\qquad P = 1$ in E: $\eta = -4{,}5/7 \cdot 5{,}5 - (-2{,}5/6) \cdot 2{,}5 = -2{,}49$ m

3. Schnitt 3

Da $Q_3 = +D$ ist, sind diese beiden EL identisch; ferner ist $M_3 = -D \cdot x'_3$.

EL „Q_3“, $P = 1$ in C: $\eta = 0$

$\qquad\qquad P = 1$ in E: $\eta = 8{,}5/6 = 1{,}42$

EL „M_3“, $P = 1$ in C: $\eta = 0$

$\qquad\qquad P = 1$ in E: $\eta = -8{,}5/6 \cdot 1{,}5 = -2{,}13$ m

Beispiel $\boxed{16}$

Für den in Bild 42a dargestellten Gelenkträger als Hauptträger einer Straßenbrücke mit unmittelbarer Lasteintragung sind zu ermitteln:

1. Die EL für den Gelenkdruck G_1 sowie für die Lagerkräfte A, D und E.
2. Die EL für die Querkräfte und Biegemomente in den Schnitten 1 bis 5.

Jeder Gelenkträger läßt sich seiner Wirkungsweise entsprechend an den Gelenken in einzelne freiaufliegende Träger mit und ohne Kragarm trennen, wobei die Gelenkdrücke die Kragarmenden belasten (vgl. Teil 1, Kap. 9). Daher stimmen auch die EL eines

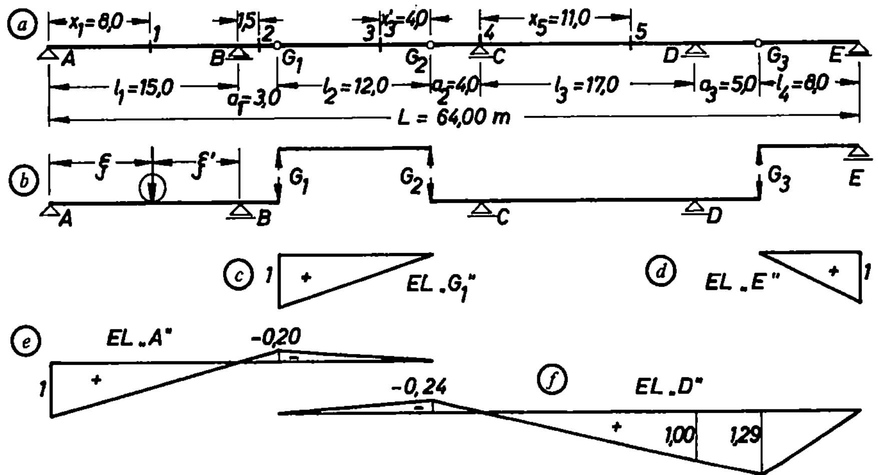

Bild 42a.   Gerberträger mit Abmessungen und Schnittstellen 1 bis 5.
Bild 42 b.   Wirkungsweise des Systems.
Bilder 42c–f. EL der Lager- und Gelenkdrücke.

40

Gelenkträgers mit denen von Trägern auf zwei Stützen mit und ohne Kragarme überein; sie setzen sich jedoch bis zum Ende des jeweiligen Einflußbereichs fort.

1. Die EL für G_1, E sowie A und D

Die EL für G_1 und E entsprechen denen einer linken oder einer rechten Lagerkraft eines Trägers auf zwei Stützen; ihr Einflußbereich beschränkt sich auf diese Träger (Bild 42c und d).
Die EL für A entspricht der eines Trägers auf zwei Stützen mit einem Kragarm; sie hat bei einer Laststellung mit $P = 1$ am rechten Kragarmende in G_1 mit $\zeta' = - a_1 = - 3,0$ m die Ordinate nach

Gl. (3a): $$\eta = 1 \cdot \zeta'/l_1 = 1 \cdot (- 3,0)/15,0 = - 0,20$$

Der Einflußbereich diese EL reicht von A bis G_2, da nur eine Last links von G_2 eine Lagerkraft A erzeugt; sie fällt also von $- 0,20$ in G_1 auf Null in G_2 und endet dort (Bild 42e). Die EL für D entspricht der eines Trägers auf zwei Stützen mit zwei Kragarmen; für eine rechte Lagerkraft gilt Gl. (3b):
Steht $P = 1$ am linken Kragarmende in G_2, wird $\zeta = - a_2 = - 4,0$ m und

$$\eta = 1 \cdot \zeta/l_3 = 1 \cdot (- 4,0)/17,0 = - 0,24$$

Steht $P = 1$ am rechten Kragarmende in G_3, wird $\zeta = l_3 + a_3 = 22,0$ m und

$$\eta = 1 \cdot \zeta/l_3 = 1 \cdot 22,0/17,0 = 1,29$$

Ihr Einflußbereich beginnt in G_1 und endet in E (Bild 42f).

2. EL für Schnitt 1

Da der Schnitt 1 zwischen den Stützen eines Trägers mit rechtsseitigem Kragarm liegt, müssen die EL für Q und M mit denen eines solchen Systems übereinstimmen, lediglich der Einflußbereich verlängert sich. Links vom Schnitt 1 ist die EL der Querkraft identisch mit der negativen EL der Lagerkraft B, und die Ordinate beträgt für $\zeta = x_1$ nach

Gl. (4): $$\eta_l = - 1 \cdot \zeta/l_1 = - 1 \cdot 8,0/15,0 = - 0,53$$

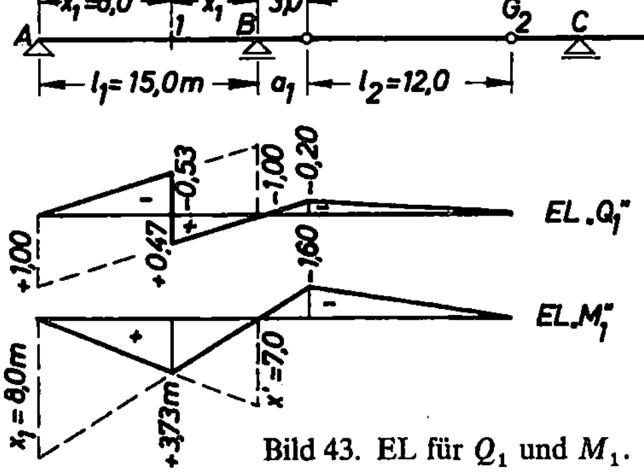

Bild 43. EL für Q_1 und M_1.

Rechts davon entspricht die EL der Querkraft genau derjenigen der Lagerkraft A bis zum Ende des Einflußbereichs in G_2; ihre Ordinate im Schnitt 1 ist nach

Gl. (4): $\qquad \eta_r = + 1 \cdot \zeta'/l_1 = + 1 \cdot 7{,}0/15{,}0 = + 0{,}47$

Die EL für M_1 ist links vom Schnitt wieder die x_1'-fache EL für B und rechts davon die x_1-fache EL für A; daher ergeben sich nach Gl. (5) die Ordinaten

im Schnitt 1: $\qquad \eta_x = \quad 1 \cdot x_1 \cdot x_1'/l_1 = \quad 1 \cdot 8{,}0 \cdot 7{,}0/15{,}0 = \quad 3{,}73 \text{ m}$

und in G_1: $\qquad \eta = -1 \cdot a_1 \cdot x_1/l_1 = -1 \cdot 3{,}0 \cdot 8{,}0/15{,}0 = -1{,}60 \text{ m}$

Ihr Einflußbereich endet wie bei der EL „A" in G_2 (Bild 43).

3. El für die Schnitte 2 bis 4

Schnitt 2 liegt auf einem rechten Kragarm und erhält innere Kräfte nur für Lasten rechts vom Schnitt; folglich beginnen die EL erst an dieser Stelle und enden wieder in G_2 (vgl. auch Bild 40a).

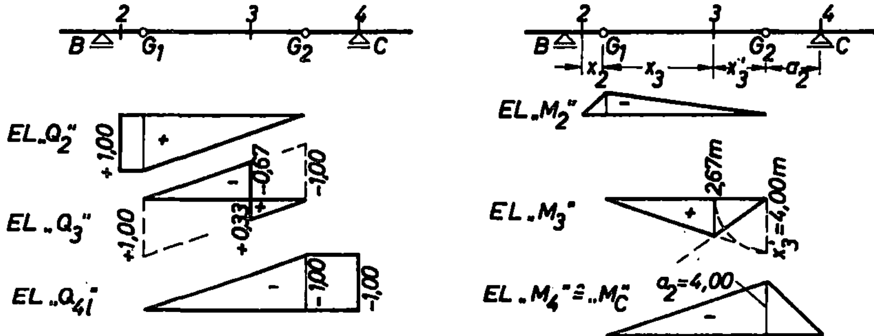

Bild 44. EL für Q und M in den Schnitten 2 bis 4.

Schnitt 3 liegt auf dem eingehängten Träger; die EL stimmen daher mit denen eines Trägers auf zwei Stützen überein (vgl. auch Bild 12).
Schnitt 4 liegt über der Stütze C eines Trägers mit zwei Kragarmen; die EL für Q_{4l} und für M_4 enden dort und beginnen in G_1 (vgl. auch Bild 40).

4. EL für den Schnitt 5

Da der Schnitt 5 im Feld des Grundsystems CD, einem Träger mit beiderseits belasteten Kragarmen liegt, reicht der Einflußbereich von G_1 bis E, da Laststellungen auf b e i d e n eingehängten Trägern im Schnitt 5 innere Kräfte erzeugen. Die EL für Q_5 ist links vom Schnitt 5 die negative EL von D und rechts die positive EL von C (vgl. auch Bild 39a). Somit ergeben sich folgende Ordinaten für Laststellungen $P = 1$

in G_2, $\quad \zeta = -a_2$: $\quad \eta = -1 \cdot \zeta/l_3 = -1 \cdot (-4{,}0)/17{,}0 = +0{,}24$

in 5_l, $\quad \zeta = \quad x_5$: $\quad \eta_l = -1 \cdot \zeta/l_3 = -1 \cdot 11{,}0/17{,}0 \quad = -0{,}65$ $\left.\vphantom{\begin{matrix}a\\b\end{matrix}}\right\}$ $|\Sigma| = 1{,}00$

in 5_r, $\quad \zeta' = \quad x_5'$: $\quad \eta_r = \quad 1 \cdot \zeta'/l_3 = \quad 1 \cdot 6{,}0/17{,}0 \quad = +0{,}35$

in G_3, $\quad \zeta' = -a_3$: $\quad \eta = \quad 1 \cdot \zeta'/l_3 = \quad 1 \cdot (-5{,}0)/17{,}0 = -0{,}29$

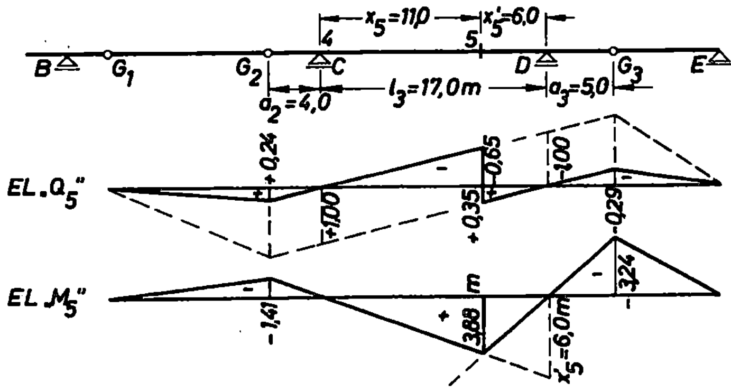

Bild 45. Tragwerksbereich und EL für Q_5 und M_5.

Die EL für Q_{4r} ergibt sich analog zu Bild 39b, indem der Sprung $|1,0|$ in die Stütze C als Schnittstelle 4 verschoben wird.

Die EL für M_5 hat denselben Einflußbereich wie die EL für Q_5 und nach Gl. (5) folgende Ordinaten

in G_2: $\quad \eta = 1 \cdot x'_5 \cdot \xi/l_3 \quad = 1 \cdot 6{,}0 \cdot (-4{,}0)/17{,}0 \quad = -1{,}41$ m

in 5: $\quad \eta_x = 1 \cdot x_5 \cdot x'_5/l_3 = 1 \cdot 11{,}0 \cdot 6{,}0/17{,}0 \quad = \quad 3{,}88$ m

in G_3: $\quad \eta = 1 \cdot x_5 \cdot \xi'/l_3 \quad = 1 \cdot 11{,}0 \cdot (-5{,}0)/17{,}0 = -3{,}24$ m

Beispiel 17

Für eine ständige Last $g = 1{,}0$ kN/m und eine bewegliche Nutzlast $p = 0{,}5$ kN/m sind die Grenzwerte max Q_{Bl} sowie max C und min C des Trägers nach Bild 42a zu berechnen.

Ergebnisse:

max $Q_{Bl} = -13{,}50$ kN, $\quad$ max $C = 28{,}66$ kN, $\quad$ min $C = 17{,}51$ kN.

4. Einflußlinien für Dreigelenkbögen und -rahmen

4.1. Bogen mit gleich hoch liegenden Kämpfern

Für die Bestimmung von Lagerkräften und inneren Kräften in Dreigelenkbögen mit gleich hoch liegenden Kämpfergelenken (Bild 46a) gelten die Gl. (9,40/Teil 1), die hier nochmals aufgeführt werden.

$$A = A_0 = \Sigma P_i \cdot b_i/l; \quad B = B_0 = \Sigma P_i \cdot a_i/l \qquad (9\,a)$$

$$H = M_{c0}/f \qquad (9\,b)$$

Die EL für die lotrechten Lagerkräfte A und B sind demzufolge nichts anderes als die EL
der Auflagerdrücke A_0 und B_0 des freiaufliegenden horizontalen Ersatzträgers (Bild 47)
und die EL des Horizontalschubes H ist die durch die Pfeilhöhe f dividierte EL für das
Biegemoment M_{C0} im Punkt C des Ersatzträgers.

$$Q_x = \quad Q_{x0} \cdot \cos\varphi - H \cdot \sin\varphi \qquad (9\,c)$$

$$N_x = - Q_{x0} \cdot \sin\varphi - H \cdot \cos\varphi \qquad (9\,d)$$

$$M_x = \quad M_{x0} - H \cdot y \qquad (9\,e)$$

Da sich die Gleichungen für die Schnittkräfte jeweils aus zwei Summanden zusammen-
setzen, können die EL stets durch Überlagerung der EL dieser Summanden gefunden
werden, wobei die EL für Q_{x0} und M_{x0} diejenigen des Ersatzträgers sind. Dabei sind die
Einflußordinaten von Q_{x0} und H entweder mit $\sin\varphi$ oder mit $\cos\varphi$ und diejenige von H
auch noch mit y zu multiplizieren. Der Neigungswinkel φ der Tangente an die Bogenachse im Schnittpunkt x ist mit Vorzeichen einzusetzen (Bild 46).
Die EL der inneren Kräfte können außßerdem nach der im Beispiel 18 erläuterten Methode mittels Lastscheidepunkt und Ersatzgelenkträger rechnerisch oder zeichnerisch
o h n e Überlagerung ermittelt werden.

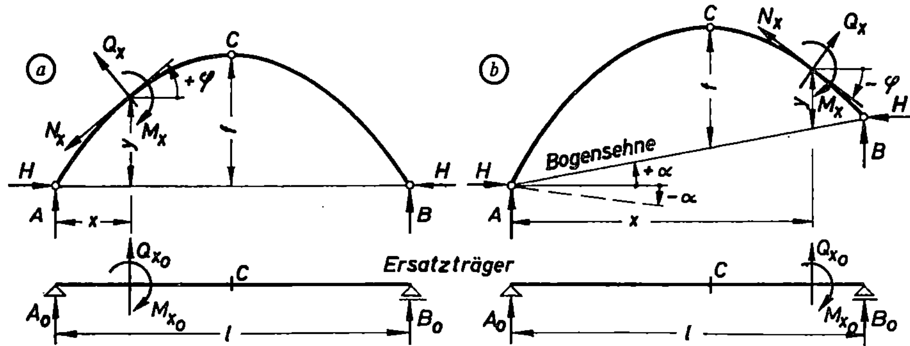

Bild 46 a und b. Dreigelenkbogen mit gleich und ungleich hohen Kämpfern.

4.2. Bogen mit ungleich hoch liegenden Kämpfern

Es gelten folgende Gleichungen:

$$A = A_0 + H \cdot \tan\alpha; \quad B = B_0 - H \cdot \tan\alpha \qquad (10\,a)$$

$$H = M_{C0}/f \qquad (10\,b)$$

$$Q_x = Q_{x0} \cdot \cos\varphi - H \cdot \sin(\varphi - \alpha)/\cos\alpha \qquad (10\,c)$$

$$N_x = - Q_{x0} \cdot \sin\varphi - H \cdot \cos(\varphi - \alpha)/\cos\alpha \qquad (10\,d)$$

$$M_x = M_{x0} - H \cdot y \qquad (10\,e)$$

Jetzt sind auch noch die EL der lotrechten Lagerkräfte durch Überlagerung zweier EL zu bestimmen. In den unveränderten Gleichungen für den Horizontalschub H und für das Biegemoment M_x sind f und y die lotrechten Abstände bis zur Bogensehne, und in die Gleichungen für Q_x und N_x müssen die Winkel α und φ entsprechend Bild 46b mit Vorzeichen eingesetzt werden.

Die Lösung mit Lastscheidepunkt und Ersatzgelenkträger ist ebenfalls nach dem im Beispiel 20 erläuterten Verfahren möglich.

4.3. Dreigelenkrahmen

Für Dreigelenkrahmen gelten die obigen Gleichungen ohne Einschränkung. Die Ermittlung der EL ist jedoch einfacher, da die Winkel φ und die Abstände y entweder unveränderlich oder leicht zu berechnen sind. Bei Dreigelenkbögen soll entsprechend DIN 1075 Zi. 6.1.1. die Bogenachse nach der Stützlinie für ständige Last geformt sein, so daß Biegemomente und Querkräfte infolge der Verkehrsbelastung gegenüber den Längskräften aus der Gesamtbelastung relativ klein bleiben. Dagegen weichen die Systemachsen von Rahmen sehr stark von der Stützlinie ab, so daß hier auch große Momente und Querkräfte entstehen.

4.4. Kernpunktsmomente

Die EL für die Kernpunktsmomente M_{K_o} und M_{K_u} eines Querschnitts (vgl. Teil 2, Zi. 9.4.) werden ebenfalls mittels der Gl. (9 bzw. 10) durch Überlagerung oder mit Lastscheidepunkt (vgl. Beispiel 24) bestimmt. Diese EL ermöglichen es eindeutig, jene ungünstigsten Verkehrslaststellungen sowie die zugehörigen Grenzwerte der Kernpunktsmomente zu finden, durch die im untersuchten Querschnitt die größten Randspannungen entstehen; die Ermittlung und Auswertung der EL der Längskraft und des Biegemomentes im Schwerpunkt des Querschnitts erübrigen sich dann.

Beispiel $\boxed{18}$

Für den Dreigelenkbogen mit parabolischer Systemachse sind die EL der Lagerkräfte sowie der inneren Kräfte im Querschnittsschwerpunkt $1 \triangleq S$ zu ermitteln.

1. EL für die Lagerkräfte

Bei Dreigelenkbögen mit Kämpfergelenken auf gleicher Höhe sind die EL der vertikalen Lagerdrücke A und B nach Gl. (9a) diejenigen des freiaufliegenden horizontalen Ersatzträgers, während die EL des Horizontalschubes H nach Gl. (9b) die durch die Pfeilhöhe f dividierte EL des Biegemoments M_{C0} im Punkt C des Ersatzträgers ist. Ihre Ordinaten bei

$$P = 1 \text{ in } 1: \quad \eta_{1H} = 1 \cdot x_C \cdot \xi'/(l \cdot f) = 1 \cdot 10{,}0 \cdot 4{,}0/(20{,}0 \cdot 5{,}0) = 0{,}40$$

$$P = 1 \text{ in } C: \quad \eta_{CH} = 1 \cdot x_C \cdot x'_C/(l \cdot f) = 1 \cdot 10{,}0 \cdot 10{,}0/(20{,}0 \cdot 5{,}0) = 1{,}00$$

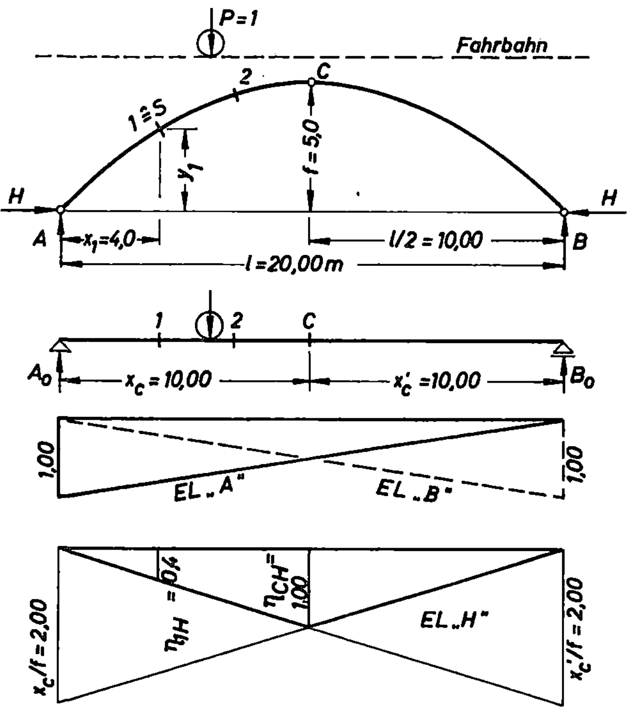

Bild 47. Dreigelenkbogen; Ersatzträger; EL für A, B und H.

2. EL für das Biegemoment im Punkt 1

Die EL für das Biegemoment in einem Querschnitts s c h w e r punkt wird nach Gl. (9 e) als Überlagerung zweier Einflußlinien bestimmt. Hierzu wird zuerst die EL für das Moment M_{10} im Punkt 1 des Ersatzträgers durch Auftragen von $x_1 = 4{,}0$ m unter A bzw. $x'_1 = 16{,}0$ m unter B gezeichnet, sodann der lotrechte Abstand y_1 des Punktes 1 von der Verbindungslinie der Kämpfergelenke ermittelt, der bei parabolischer Systemachse die Größe

$$y_1 = 4 \cdot f \cdot x_1 \cdot (l - x_1)/l^2 = 4 \cdot 5{,}0 \cdot 4{,}0 \cdot 16{,}0/20{,}0^2 = 3{,}20 \, \text{m}$$

hat, und schließlich die mit diesem Wert multiplizierte EL für den Horizontalschub H des Bogens mit der Ordinate $\eta = 1{,}00 \cdot y_1 = 3{,}20$ m unter C aufgetragen. Die Differenz dieser beiden EL, in Bild 48 b schraffiert dargestellt, ergibt somit die gesuchte EL.
Ihre größte positive Ordinate η_1 und ihre größte negative η_C lassen sich auch berechnen und von einer horizontalen Bezugsgeraden abtragen (Bild 48 d). Mit den Werten für die EL „M_{C0}" bei

$P = 1$ in 1: $\quad \eta_{10} = 1 \cdot x_1 \cdot x'_1/l = 1 \cdot 4{,}0 \cdot 16{,}0/20{,}0 = 3{,}20$ m

$P = 1$ in C: $\quad \eta_{C0} = 1 \cdot x_1 \cdot \xi'/l = 1 \cdot 4{,}0 \cdot 10{,}0/20{,}0 = 2{,}00$ m

46

und mit den bereits unter 1. berechneten Ordinaten η_{1H} und η_{CH} ergeben sich nach

Gl. (9e): $\quad\quad \eta_1 = \eta_{10} - \eta_{1H} \cdot y_1 = 3,20 - 0,40 \cdot 3,20 = \quad 1,92$ m

$\quad\quad\quad\quad\quad \eta_C = \eta_{C0} - \eta_{CH} \cdot y_1 = 2,00 - 1,00 \cdot 3,20 = -1,20$ m $\quad |\Sigma| = 3,12$ m

Da bei einer gleichmäßig verteilten Vollbelastung in Dreigelenkbögen mit parabolischer Systemachse keine Querkräfte und Biegemomente entstehen, muß der positive Einflußflächenanteil die gleiche Größe wie der negative haben, also

$$A = 1,92 \cdot 7,69/2 - 1,20 \cdot 12,31/2 = 0,738 - 0,738 = 0$$

Der Lastscheidepunkt L liegt bei

$$s = x_1 + \eta_1 \cdot (x_C - x_1)/(\eta_1 + |\eta_C|) = 4,0 + 1,92 \cdot 6,0/3,12 = 7,69 \text{ m}$$

Er kann auch zeichnerisch aus der Bedingung bestimmt werden, daß im Punkt 1 das Moment Null sein muß, wenn $P = 1$ auf der Vertikalen $L- I$ steht. Diese ist erfüllt, wenn die Wirkungslinie des Kämpferdrucks K_l durch den Bezugspunkt 1 geht, womit sich I als Schnittpunkt der Verbindungslinien $A-S$ und $B-C$ ergibt. Die EL für das Biegemoment eines Dreigelenkbogens mit gleich hohen Kämpfergelenken ist somit nichts anderes als die EL „M_1" eines Gelenkträgers mit der Stützweite s (Bild 48c). Für Bezugspunkte S in der Nähe der Kämpfer wird die zeichnerische Bestimmung von I ungenau, weshalb sich eine analytische Berechnung empfiehlt.

Gerade $A-S$: $\quad\quad\quad y = \quad 3,20/4,00 \cdot s = 0,80 \cdot s$

Gerade $B-C$: $\quad\quad\quad y = -5,00/10,00 \cdot s + 10,00 = -0,50\,s + 10,00$

$\quad\quad\quad\quad\quad 0,80 \cdot s = -0,50 \cdot s + 10,00; \quad\quad s = 10,00/1,30 = 7,69$ m

3. EL für Q und N im Punkt 1

Die EL für die Querkraft und die Längskraft werden ebenfalls durch Überlagerung zweier Einflußlinien ermittelt, wozu der Neigungswinkel φ der Tangente an die Bogenachse im Punkt 1 benötigt wird. Dieser bestimmt sich aus der Gleichung (vgl. Teil 1, Beispiel 136)

$$dy/dx = \tan \varphi = 4 \cdot f \cdot (l - 2 \cdot x_1)/l^2 = 4 \cdot 5,0 \cdot 12,0/20,0^2 = 0,600$$

Werden nun nach Gl. (9c) die mit $\cos \varphi = 0,857$ multiplizierte EL für die Querkraft Q_{10} des Ersatzträgers nach Bild 47b und sodann die mit $\sin \varphi = 0,514$ vervielfachte EL des Horizontalschubes H aufgetragen, so entsteht als Differenz dieser beiden EL die durch Schraffur in Bild 49b gekennzeichnete EL „Q_1". Im Lastscheidepunkt L ist $Q_1 = 0$; diese Bedingung ist erfüllt, wenn die Wirkungslinie des Kämpferdrucks K_l parallel zur Tangente in 1 gerichtet ist, woraus sich der lotrecht über L liegende Schnittpunkt II konstruieren läßt (Bild 49a). Die gesuchte EL läßt sich daher auch als die mit $\cos \varphi$ multiplizierte EL „Q_1" des Ersatzgelenkträgers nach Bild 49c ermitteln, dessen Stützweite sich analytisch aus

$$\tan \varphi \cdot s = -0,50 \cdot s + 10,00 \quad \text{zu} \quad s = 10,00/1,10 = 9,09 \text{ m} \quad\quad\quad \text{ergibt.}$$

Hierfür lassen sich die Ordinaten schnell berechnen:

$$\eta_1 = -0,857 \cdot 4,00/9,09 = -0,377$$
$$\eta_2 = +0,857 \cdot 5,09/9,09 = +0,480$$
$$|\Sigma| = 1 \cdot \cos\varphi = 0,857$$
$$\eta_c = \eta_3 = -0,857 \cdot 0,91/9,09 = -0,087$$

Auch die Einflußfläche für Q_1 muß bei parabolischer Bogenachse Null sein, also

$$A = -0,377 \cdot 4,0/2 - 0,087 \cdot 10,91/2 + 0,480 \cdot 5,09/2 = -0,754 - 0,475 + 1,22 = 0$$

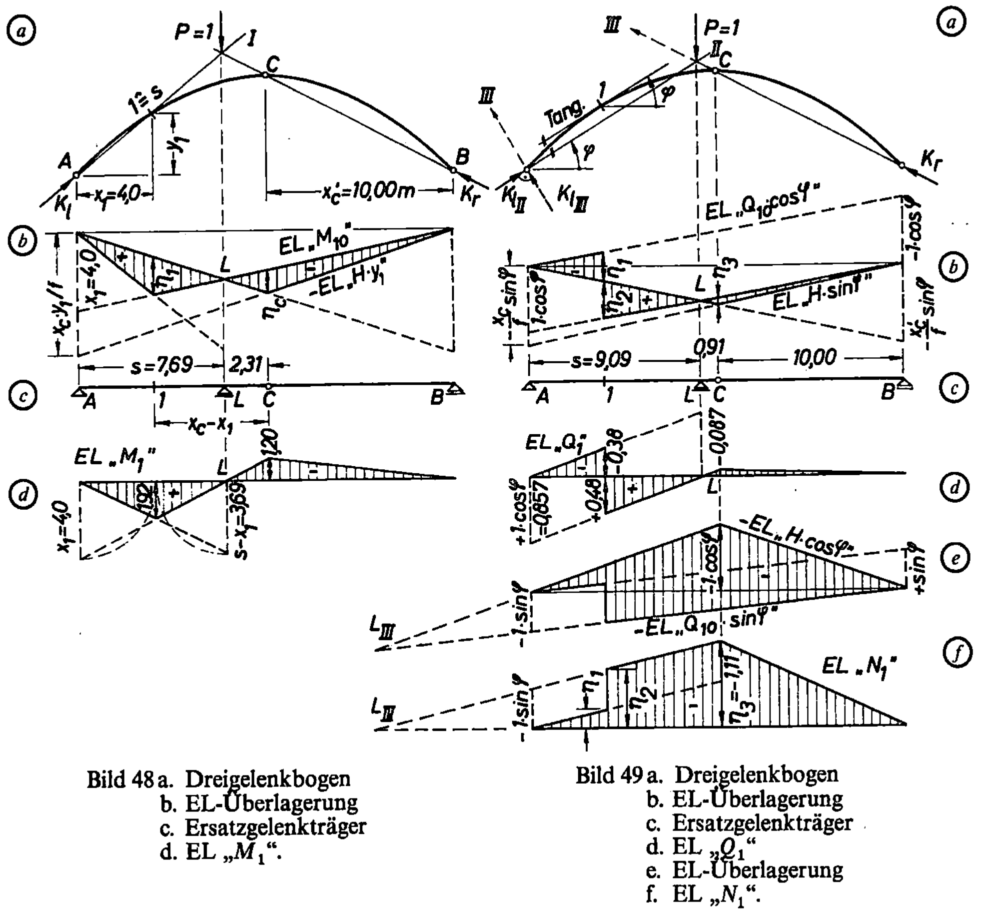

Bild 48a. Dreigelenkbogen
    b. EL-Überlagerung
    c. Ersatzgelenkträger
    d. EL „M_1".

Bild 49a. Dreigelenkbogen
    b. EL-Überlagerung
    c. Ersatzgelenkträger
    d. EL „Q_1"
    e. EL-Überlagerung
    f. EL „N_1".

Die EL der Bogenlängskraft wird nach Gl. (9 d) als die negative Summe der EL
„$Q_{10} \cdot \sin\varphi$" sowie der EL „$H \cdot \cos\varphi$" entweder zeichnerisch (Bild 49 e) bestimmt oder die

Ordinaten werden berechnet und von einer Geraden aufgetragen (Bild 49 f). Mit den unter 1. ermittelten Ordinaten für H ergeben sich damit

$$\eta_1 = -1\cdot(-x_1)/l\cdot\sin\varphi - \eta_{1H}\cdot\cos\varphi = -0{,}240$$

$$\eta_2 = -1\cdot x_1'/l\cdot\sin\varphi - \eta_{1H}\cdot\cos\varphi \quad = -0{,}754$$

$$\eta_C = \eta_3 = -1\cdot x_C/l\cdot\sin\varphi - \eta_{CH}\cdot\cos\varphi \quad = -1{,}114$$

Beispiel 19

Für den Dreigelenkbogen des vorigen Beispiels sind für gleichmäßig verteilte Lasten von $g = 2{,}0\ \text{kN/m}$ und $p = 1{,}0\ \text{kN/m}$ ohne Schwingbeiwert zu ermitteln:

1. max Q und max N im Kämpfer A.
2. max Q_2, max N_2 und max M_2
   im Punkt $x_2 = 7{,}00$ m.

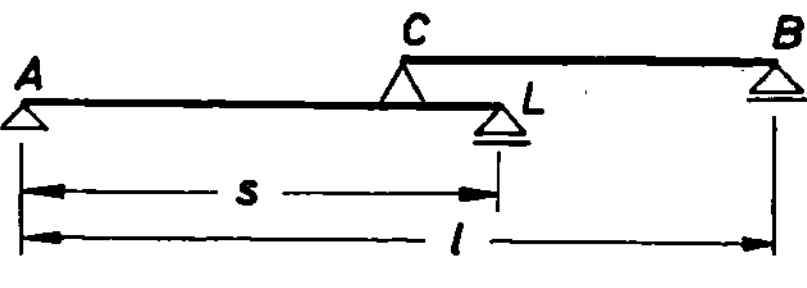

Bild 50. Ersatzsystem für Q_2.

Lösungshinweise und Ergebnisse:

1. $\varphi_A = 45°$; für Q_A wird $s = 6{,}67$ m.

$$Q_{Ag} = 0,\ \max Q_A = 5{,}0/3\cdot\sqrt{2}\cdot p = \pm 2{,}36\ \text{kN}$$

$$\max N_A = -10{,}0\cdot\sqrt{2}\cdot(g+p) = -42{,}4\ \text{kN}.$$

2. $\varphi_2 = 16°42'$. Der Schnittpunkt II (vgl. Bild 49 a) der beiden Kämpferdrucklinien liegt diesmal mit $s = 12{,}50$ m rechts vom Gelenk C, was bedeutet, daß die EL „Q_2" keinen Nullpunkt, also keinen zweiten negativen Flächenteil hat, sondern an dieser Stelle nur einen Knick aufweist. Das in Bild 50 dargestellte System kann als Ersatztragwerk dienen, oder es wird nach Gl. (9 c) überlagert.
In 2: $\eta_l = -0{,}536$, $\eta_r = +0{,}422$; in C: $\eta = +0{,}192$.

$$Q_{2g} = 0,\quad \max Q_2 = x/2\cdot\eta_l\cdot p = \pm 1{,}88\ \text{kN}$$

Die EL „N_2" wird nach Gl. (9 d) wieder durch Überlagerung bestimmt.

$$\max N_2 = -10{,}45\cdot(g+p) = -31{,}4\ \text{kN}$$

Für die EL „M_2" ergibt sich ein Ersatzgerberträger nach Bild 48 c mit $s = 8{,}70$ m.

$$M_{2g} = 0,\quad \max M_2 = \pm 5{,}93\ \text{kN/m}$$

Beispiel $\boxed{20}$

Für das in Bild 51 dargestellte Dreigelenk-Brückentragwerk mit aufgeständerter Fahrbahn und parabolischer Bogenachse sind zu ermitteln:

1. Die EL der Lagerkräfte.
2. Die EL von Q und N im Kämpfer A.
3. Die EL der Schnittkräfte im Querschnittsschwerpunkt 1.

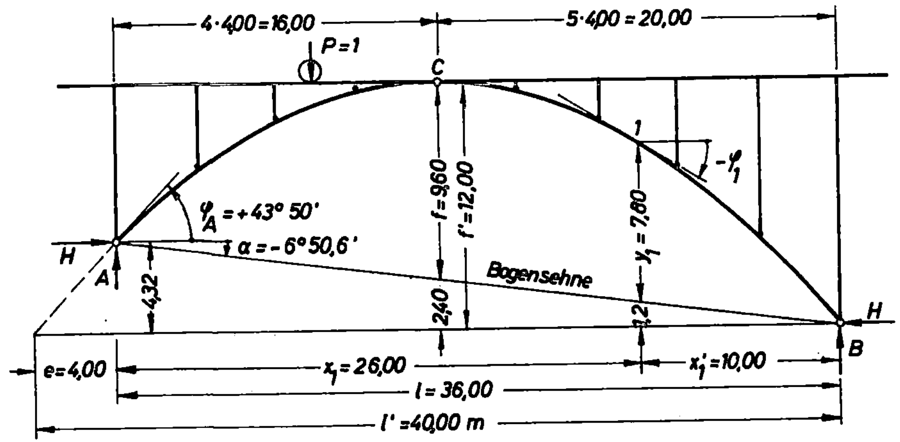

Bild 51. Brückentragwerk mit Abmessungen.

1. Die EL der Lagerkräfte

Die EL für den Horizontalschub H bestimmt sich mit den Ordinaten

unter A: $\qquad x_C/f = 16{,}0/9{,}60 \qquad = 1{,}667$

unter C: $\quad \eta_{CH} = 1 \cdot x_C \cdot x_C'/(l \cdot f) = 1 \cdot 16{,}0 \cdot 20{,}0/(36{,}0 \cdot 9{,}60) = 0{,}926$

unter B: $\qquad x_C'/f = 20{,}0/9{,}60 \qquad = 2{,}083$

genau wie im Beispiel 18, während für die EL der lotrechten Lagerdrücke wegen der verschieden hoch liegenden Kämpfer nach Gl. (10a) noch der Anteil $\pm H \cdot \tan\alpha$ zu überlagern ist.

$$\tan\alpha = -4{,}32/36{,}0 = -0{,}120; \quad \alpha = -6°50{,}6'; \quad \cos\alpha = 0{,}993$$

EL „A", $P = 1$ in C: $\eta = 1 \cdot x_C'/l + \eta_{CH} \cdot \tan\alpha = 1 \cdot 20{,}0/36{,}0 + 0{,}926 \cdot (-0{,}120) = +0{,}444$

EL „B", $P = 1$ in C: $\eta = 1 \cdot x_C/l - \eta_{CH} \cdot \tan\alpha = 1 \cdot 16{,}0/36{,}0 - 0{,}926 \cdot (-0{,}120) = +0{,}555$

Diese drei EL sind in Bild 52 dargestellt.

2. Die EL von Q_A und N_A

Die gesuchten EL im Kämpfer, die für die Gelenkberechnung benötigt werden, bestimmen sich durch Überlagerung nach den Gl. (10c, d), wobei hier $Q_{x0} = A_0$ und $\varphi = \varphi_A$ ist. Der Neigungswinkel φ_A der Tangente an die Bogenachse im Lager A ergibt sich aus

$$\mathrm{d}y/\mathrm{d}x = \tan\varphi_A = 4 \cdot f' \cdot (l' - 2 \cdot e)/l'^2 \quad = 4 \cdot 12{,}0 \cdot 32{,}0/40{,}0^2 \quad = 0{,}960$$

Daraus $\varphi_A = 43°49{,}9'$; $\quad \sin\varphi_A \qquad = 0{,}692; \quad \cos\varphi_A \qquad = 0{,}721;$

$\varphi_A - \alpha = 50°40{,}5'$; $\quad \sin(\varphi_A - \alpha) \quad = 0{,}774; \quad \cos(\varphi_A - \alpha) \quad = 0{,}634;$

$\qquad\qquad\qquad \sin(\varphi_A - \alpha)/\cos\alpha = 0{,}779; \quad \cos(\varphi_A - \alpha)/\cos\alpha = 0{,}638;$

EL „Q_A" nach Gl. (10c):

Zuerst wird in Bild 53c die EL „$A_0 \cdot \cos \varphi_A$" mit den Werten $\eta = 1{,}0 \cdot 0{,}721$ unter A sowie $\eta = 0$ unter B und sodann die EL „$H \cdot \sin(\varphi_A - \alpha)/\cos \alpha$" mit den Werten

$$x_C/f \cdot 0{,}779 = 1{,}298 \text{ unter } A$$

und

$$x_C'/f \cdot 0{,}779 = 1{,}622 \text{ unter } B$$

ebenfalls nach unten aufgetragen. Die schraffierte Fläche stellt dann die gesuchte EL „Q_A" dar, deren Ordinate unter C die Größe

$$\eta = +\,0{,}555 \cdot 0{,}721 - 0{,}926 \cdot 0{,}779 = -\,0{,}320$$

hat. Die im Beispiel 18 erläuterte Methode mit einem Ersatzgelenkträger – zeichnerisch oder rechnerisch – ist auch möglich (vgl. Bild 53 b und d).

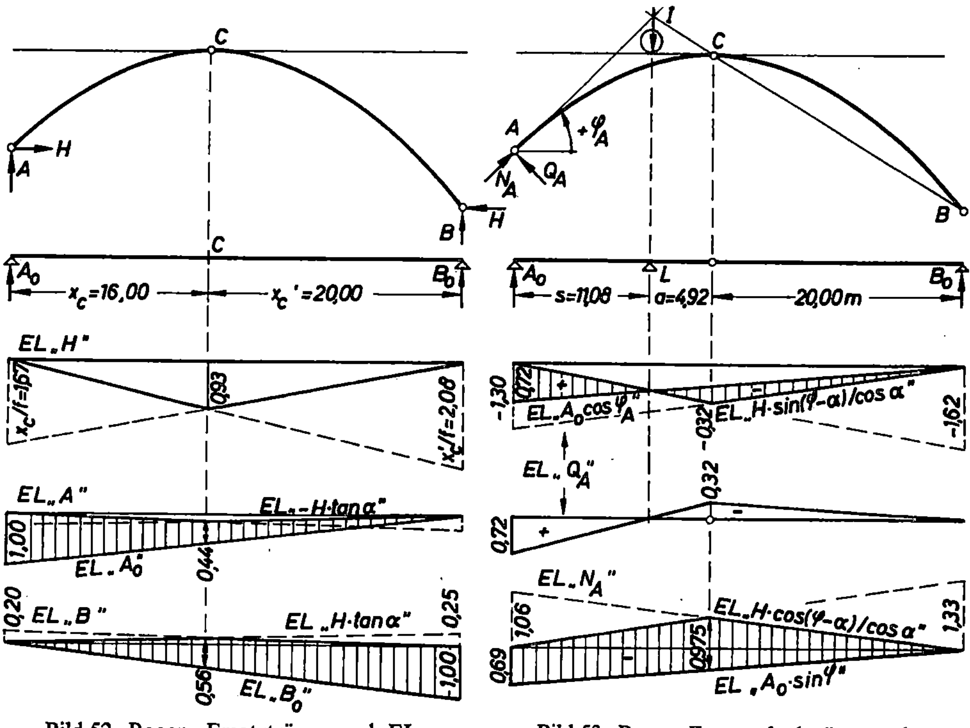

Bild 52. Bogen, Ersatzträger und EL für H, A und B.

Bild 53. Bogen, Ersatzgelenkträger und EL für Q_A und N_A.

EL „N_A" nach Gl. (10d):

Da hierfür die negative Summe zu bilden ist, werden die Ordinaten nach verschiedenen Seiten aufgetragen und zwar in Bild 53e:

unter A:
$$\eta = 1 \cdot \sin \varphi_A = 0{,}692$$

über A:
$$x_C/f \cdot 0{,}638 = 1{,}063$$

über B:
$$x'_C/f \cdot 0{,}638 = 1{,}329$$

Die größte Ordinate unter C beträgt $\eta = -0{,}555 \cdot 0{,}692 - 0{,}926 \cdot 0{,}638 = -0{,}975$

3. Die EL der Schnittkräfte im Punkt 1

Da sich der Querschnittsschwerpunkt auf der rechten Bogenhälfte zwischen zwei Stützen befindert, hat die Bogentangente einen negativen Neigungswinkel (Bild 51), und es liegt mittelbare Lasteintragung vor. Die EL werden nach zwei Methoden ermittelt:

3.1. Durch Überlagerung

Punkt 1 liegt in $l'/4$, also ist die Tangente parallel zur Sehne $B-C$.

$$\tan \varphi_1 = -12{,}0/20{,}0 = -0{,}60;$$

$$\varphi_1 = -30°57{,}8'; \quad \sin \varphi_1 \qquad = -0{,}514; \quad \cos \varphi_1 \qquad = +0{,}857;$$

$$\varphi_1 - \alpha = -24°7{,}2'; \quad \sin(\varphi_1 - \alpha) \quad = -0{,}409; \quad \cos(\varphi_1 - \alpha) \quad = +0{,}913;$$

$$\sin(\varphi_1 - \alpha)/\cos \alpha = -0{,}412; \quad \cos(\varphi_1 - \alpha)/\cos \alpha = +0{,}919;$$

Unter Berücksichtigung der Vorzeichen der Winkelfunktionen ergibt sich nach

Gl. (10c): $\qquad$ EL „Q_1" = EL „$Q_{10} \cdot 0{,}857$" + EL „$H \cdot 0{,}412$"

In Bild 54c sind folgende Ordinaten aufgetragen

unter A und über B:
$$1 \cdot \cos \varphi_1 = 0{,}857$$

über A:
$$x_C/f \cdot 0{,}412 = 0{,}687$$

über B:
$$x'_C/f \cdot 0{,}412 = 0{,}857$$

Von A bis C deckt sich also die negative $0{,}857 \cdot Q_{10}$-Linie mit der positiven $0{,}412 \cdot H$-Linie, so daß für Laststellungen links vom Scheitelgelenk im Punkt 1 keine Querkräfte entstehen. Die Ordinate unter C muß daher Null sein:

$$\eta = -16{,}0/36{,}0 \cdot 0{,}857 + 0{,}926 \cdot 0{,}412 = -0{,}381 + 0{,}381 = 0$$

Nach Gl. (10d): $\qquad$ EL „N_1" = EL „$Q_{10} \cdot 0{,}514$" $-$ EL „$H \cdot 0{,}919$"

In Bild 54e sind aufgetragen

unter A und über B:
$$1 \cdot \sin \varphi_1 = 0{,}514$$

unter A:
$$x_C/f \cdot 0{,}919 = 1{,}532$$

unter B:
$$x'_C/f \cdot 0{,}919 = 1{,}915$$

Von A bis zur linken Stütze des Schnittfeldes überlagern sich beide Linien negativ; von dessen rechter Stütze bis B ist jedoch die $0{,}514 \cdot Q_{10}$-Linie positiv, und es ergeben sich folgende Ordinaten in C: $\eta_C = -16{,}0/36{,}0 \cdot 0{,}514 - 0{,}926 \cdot 0{,}919 \qquad\qquad = -1{,}079$

in Stütze l: $\eta_l = -24{,}0/36{,}0 \cdot 0{,}514 - 12{,}0 \cdot 16{,}0/(36{,}0 \cdot 9{,}60) \cdot 0{,}919 = -0{,}854$

in Stütze r: $\eta_r = +\ 8{,}0/36{,}0 \cdot 0{,}514 - 8{,}0 \cdot 16{,}0/(36{,}0 \cdot 9{,}60) \cdot 0{,}919 = -0{,}226$

Die Bestimmung der EL „M_1" durch Überlagerung nach Gl. (10e) ist in Bild 54d durchgeführt mit dem Unterschied gegenüber Beispiel 18, daß wegen der mittelbaren Lasteintragung bei der EL „M_{10}" die Spitze unter 1 abzuschneiden ist. Die Ordinaten betragen

in C: $\eta_C = 16{,}0 \cdot 10{,}0/36{,}0 - 0{,}926 \cdot 7{,}80 \qquad\qquad = -2{,}778$

in Stütze l: $\eta_l = 24{,}0 \cdot 10{,}0/36{,}0 - 0{,}926 \cdot 12{,}0/20{,}0 \cdot 7{,}80 = +2{,}333$

in Stütze r: $\eta_r = 26{,}0 \cdot\ 8{,}0/36{,}0 - 0{,}926 \cdot\ 8{,}0/20{,}0 \cdot 7{,}80 = +2{,}889$

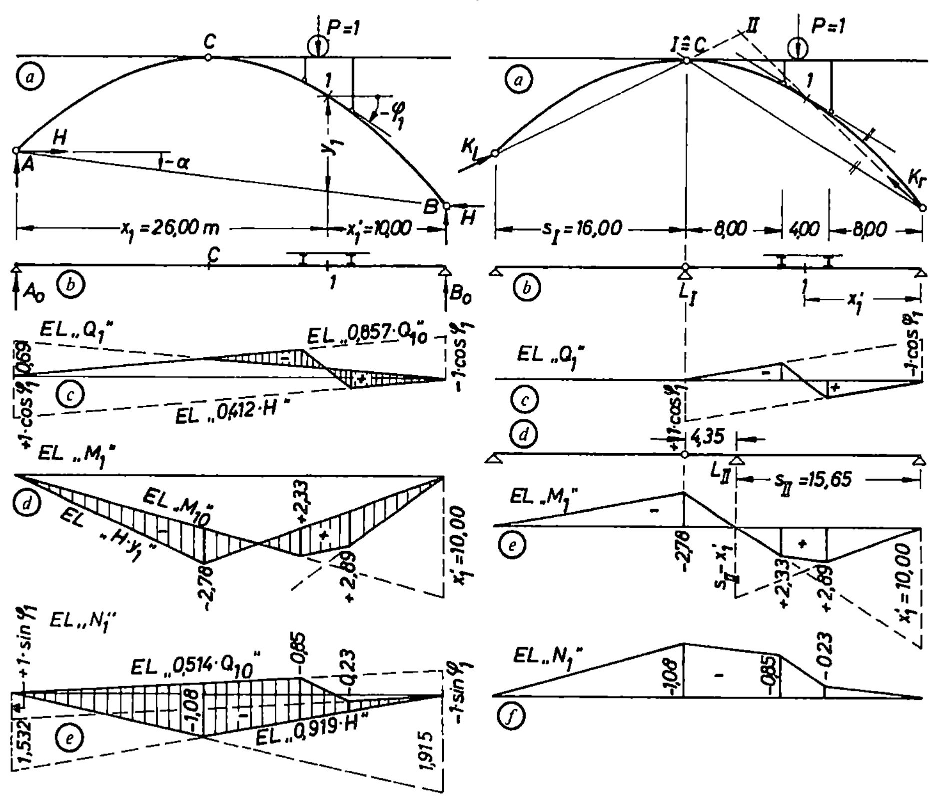

Bild 54. EL durch Überlagerung ermittelt.

Bild 55. EL mit Ersatztragwerk und Lastscheidepunkt ermittelt.

3.2. Durch Lastscheidepunkt und Ersatztragwerk

Da die Tangente in 1 parallel zur Sehne $B-C$ ist, liegt für Q_1 der Lastscheidepunkt I als Schnittpunkt der beiden Kämpferdrücke im Scheitelgelenk C, und es ergibt sich das in

Bild 55b dargestellte Ersatztragwerk mit zugehöriger EL „Q_1" in Bild 55c. Geht der Kämpferdruck K_r durch den Bezugspunkt 1, wird $M_1 = 0$, woraus sich hierfür der Lastscheidepunkt II, das zugehörige Ersatztragwerk und die EL „M_1" nach Bild 55d, e ergeben. Der einzige Unterschied gegenüber Beispiel 18 ist die geradlinige Verbindung zwischen den beiden lasteintragenden Stützen. In Bild 55f ist außerdem noch die EL „N_1" mit Ordinaten von einer waagerechten Bezugsgeraden aufgetragen.

Beispiel 21

Für eine gleichmäßig verteilte Belastung von $g = 2{,}0$ kN/m und $p = 1{,}0$ kN/m sind max Q_B und max N_B im rechten Kämpfer des Brückentragwerks nach Bild 51 zu berechnen.

Ergebnisse:

$$Q_{x0} = -B_0, \qquad \eta_C = \quad 0{,}356; \quad \max Q_B = \pm\,41{,}2 \text{ kN}$$

$$\eta_C = -1{,}019; \quad \max N_B = -26{,}03 \cdot (g + p) = -78{,}1 \text{ kN}$$

Beispiel $\boxed{22}$

Für das in Bild 56 dargestellte Gelenktragwerk sind in den Schnitten 1 bis 4 die EL der inneren Kräfte zu ermitteln.

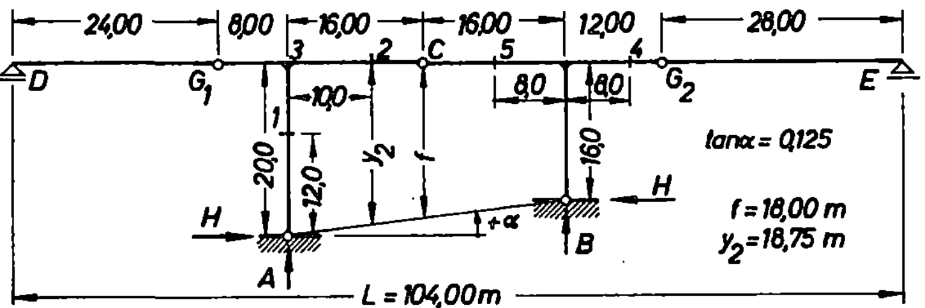

Bild 56. Gelenktragwerk mit Abmessungen.

Das Brückentragwerk besteht aus einem Dreigelenkrahmen mit beiderseitigen Kragarmen und angelenkten Trägern; es ist statisch bestimmt, was bestätigt wird durch

Gl. (9,39/Teil 1): $\qquad n = r + e + a_1 - 2k = 8 + 4 + 6 - 2 \cdot 9 = 0$

1. EL des Schnittes 1

$\varphi = 90°$: $\qquad \sin(\varphi - \alpha)/\cos\alpha = 1; \qquad \cos(\varphi - \alpha)/\cos\alpha = \tan\alpha;$

Daher nach

Gl. (10c, e): $\qquad Q_1 = -H; \quad N_1 = -A_0 - H \cdot \tan\alpha = -A; \quad M_1 = -H \cdot y_1$

Die gesuchten EL sind also mit denen für $-H$, $-A$, $-H \cdot y_1$ identisch und lassen sich

54

an dem in Bild 57a gezeichneten Ersatzträger bestimmen. Die EL „M_1" ist im Verlauf vergleichbar mit der EL „M_5" in Bild 45c und die EL „A_0" mit der EL „D" in Bild 42f.

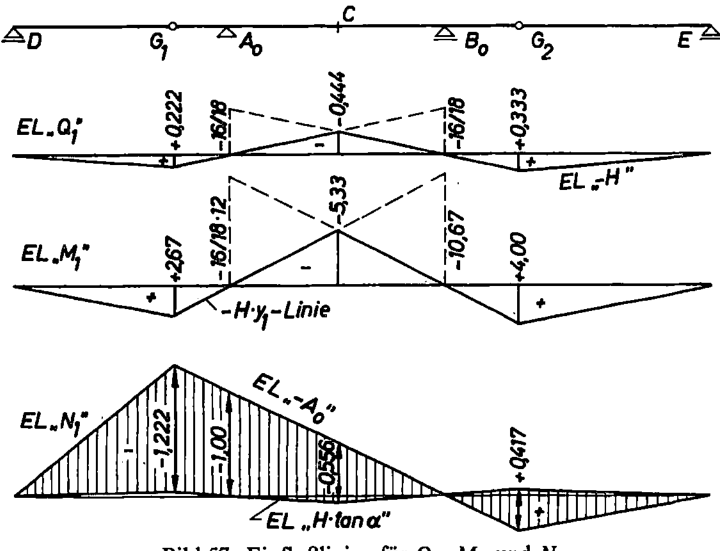

Bild 57. Einflußlinien für Q_1, M_1 und N_1.

2. EL des Schnittes 2

Jetzt ist

$\varphi = 0$: $\qquad \sin(\varphi - \alpha)/\cos\alpha = -\tan\alpha; \quad \cos(\varphi - \alpha)/\cos\alpha = 1;$

und damit $Q_2 = Q_{20} + H \cdot \tan\alpha$ durch Überlagerung nach Bild 58e.
$N_2 = -H$; also EL „N_2" = EL „Q_1".
Die EL „M_2" ist entsprechend Beispiel 18 mittels Lastscheidepunktes II und Ersatzgelenkträgers in Bild 58a–c ermittelt.

3. EL der Schnitte 3 und 4

Beim Knotenpunkt 3 ist zwischen $3u$, $3r$ und $3l$ zu unterscheiden. Es ist:

$$\text{EL } „Q_{3u}" = \text{EL } „Q_1", \quad \text{EL } „N_{3u}" = \text{EL } N_1" \quad \text{und} \quad \text{EL } „N_{3r}" = \text{EL } „N_2"$$

Analog zu Q_2 ist $Q_{3r} = Q_{3r0} + H \cdot \tan\alpha = A_0 + H \cdot \tan\alpha$, d.h. die EL „$Q_{3r}$" verläuft wie die von Q_2 mit einem nach A verschobenen Sprung. Da $M_{3u} = -H \cdot y_3$ ist, verläuft die EL „M_{3u}" wie die von M_1, jedoch mit größeren Ordinaten. Der Schnitt $3l$ liegt dagegen am linken Kragarm und wird nur durch Laststellungen links von ihm beeinflußt, während im Schnitt 4 am rechten Kragarm nur Laststellungen rechts davon innere Kräfte erzeugen; ihr Verlauf entspricht denen in Bild 44 und ist in Bild 58f, h gezeigt.

Gl. (10e): $\qquad\qquad M_{3r} = M_{30} - H \cdot y_3 = M_{3l} - H \cdot y_3$

Die EL „M_{3r}" erstreckt sich von D bis 3 und ist in Bild 58k schraffiert dargestellt.

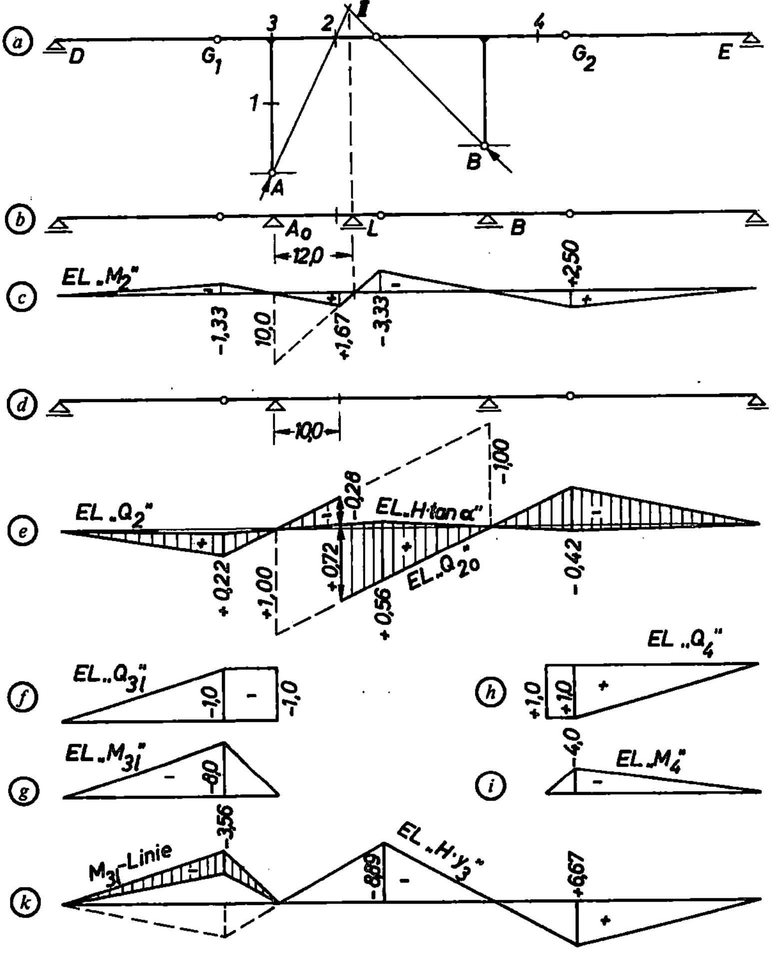

Bild 58. Einflußlinien für die Schnitte 2 bis 4.

Beispiel 23

Für das in Bild 56 dargestellte Gelenktragwerk sind die Grenzwerte für die lotrechte Lagerkraft B sowie für das Moment im Punkt 5 für $g = 2,0$ kN/m und $p = 1,0$ kN/m zu berechnen.

Ergebnisse:

$$\max B = 141,3 \text{ kN}, \quad \max M_5 = -230,0 \text{ kN/m}$$
$$\min B = 88,2 \text{ kN}, \quad \min M_5 = -85,4 \text{ kN/m}$$

Beispiel $\boxed{24}$

Eine Dreigelenkbogenbrücke aus unbewehrtem Beton B 25 für eine Kreisstraße hat die Stützweite $l = 48{,}00$ m, die Pfeilhöhe $f = 6{,}00$ m, den vollen Rechteckquerschnitt $d/b = 1{,}24/6{,}50$ m im Bogenviertel und erhält dort eine mittige Druckkraft infolge ständiger Last von $N_g = -1354$ kN. Die Bogenachse ist nach der Stützlinie für ständige Last geformt. Es sind zu ermitteln:

1. Der Verkehrslastenzug.
2. Die EL für die Kernpunktsmomente des vollen Rechtecksquerschnitts im Bogenviertel.
3. Die Grenzwerte der Kernpunktsmomente infolge Verkehrsbelastung sowie infolge ständiger Last nebst Verkehrsbelastung.

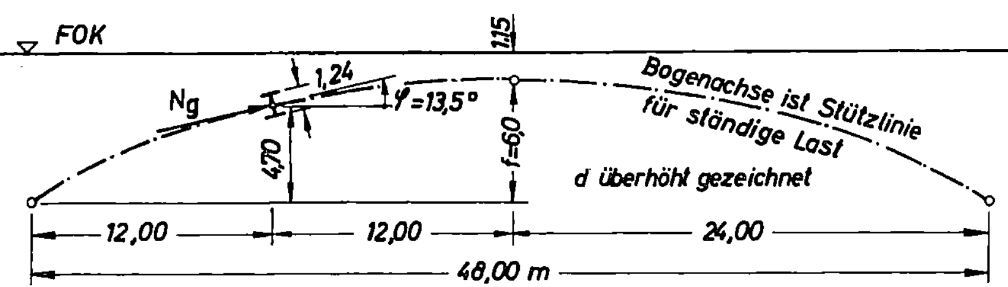

Bild 59. Brückensystem mit Abmessungen.

1. Aufstellung des Verkehrslastenzuges

Nach DIN 1072 Zi. 3.3. und Tabelle 1 ist für Kreisstraßen die Brückenklasse 30/30 mit einem Schwerlastwagen (SLW von 300 kN Gesamtlast auf der Haupt- und Nebenspur vorzusehen (Wendehorst 22. Aufl., Seite 174). Vor und hinter diesen ist als Ersatzlast für andere Fahrzeuge auf der Hauptspur eine Flächenlast $p_1 = 5$ kN/m², auf der Nebenspur sowie auf den übrigen Fahrbahnflächen und den Schrammbordstreifen eine solche von $p_2 = 3$ kN/m² anzusetzen. Haupt- und Nebenspur sind je 3 m breit und füllen die Fahrbahnbreite ganz, wodurch sich die in Bild 60 dargestellte leicht unsymmetrische Verkehrslastanordnung ergibt und aus der ersichtlich ist, daß an der Aufnahme dieser Lasten der ganze Bogenquerschnitt beteiligt ist. An der Fahrbahnoberkante hat diese Flächenbelastung wegen $p_1 > p_2$ zwar eine kleine Exzentrizität zur Bogenachse von

$$e = (p_1 \cdot 3{,}0 \cdot 1{,}5 - p_2 \cdot 3{,}0 \cdot 1{,}5)/[(p_1 + p_2) \cdot 3{,}0] = 0{,}375 \text{ m,}$$

jedoch darf bei Bögen mit vollen Querschnitten und Überschüttung (Aufbeton) wegen der lastverteilenden Wirkung mit mittiger Belastung gerechnet werden. Die Verkehrslasten der Hauptspur sind mit einem Schwingbeiwert φ zu multiplizieren, der sich nach DIN 1072 Zi. 3.3.4. bei überschütteten Bauwerken aus

$$\varphi = 1{,}4 - 0{,}008 \cdot l_\varphi - 0{,}1 \cdot h_\ddot{u} \geq 1{,}0$$

zu $\qquad \varphi = 1{,}4 - 0{,}008 \cdot 48 - 0{,}1 \cdot 1{,}15 = 0{,}90 < 1{,}0,$ also $\quad \varphi = 1{,}0 \qquad$ ergibt.

Darin ist l_φ die Stützweite des Bogens und $h_\ddot{u}$ die Überschüttungshöhe in m. Verkehrslasten außerhalb der Hauptspur sind ohne Schwingbeiwert anzusetzen. Bei $\varphi = 1$ könnten

nun alle Lasten zu einem gemeinsamen Lastenzug zusammengezogen werden; für die
Auswertung der EL ist die Trennung jedoch günstiger.

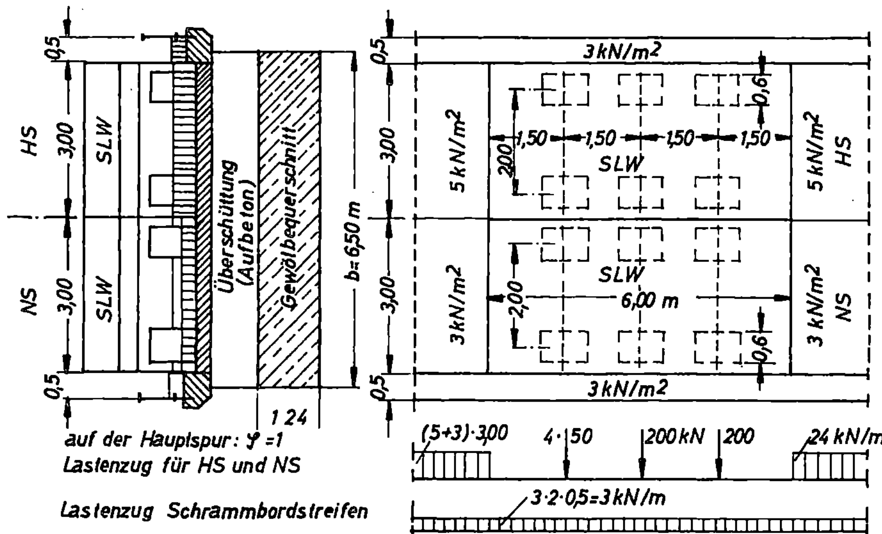

Bild 60. Ermittlung der Verkehrslasten.

2. EL für die Kernpunktsmomente

Wenn die Bogenachse gemäß DIN 1075 Zi. 6.1.1. nach der Stützlinie für ständige Last
geformt ist, entstehen in den Querschnittsschwerpunkten infolge dieser Belastung nur
mittige Längskräfte N_g, also keine Biegemomente oder Querkräfte. Um die größten
Spannungen in den Querschnittsrändern zu bestimmen, müssen die Grenzwerte der
Längskraft N_p sowie des Moments M_p in den Schwerpunkten durch Auswertung der
entsprechenden Einflußlinien berechnet werden, wobei aber zu berücksichtigen ist, daß
weder bei max N noch mit zugehörigem M noch aber bei max M mit zugehörigem N,
sondern bei einer Zwischenstellung des Lastenzuges die gesuchten Größtspannungen
erreicht werden. Die aufwendige Arbeit zur Ermittlung dieser Zwischenstellung wird
durch die Bestimmung der Kernpunktsmomente (vgl. Teil 2, Zi. 9.4.) erheblich vermindert, da diese die Wirkung der Längskraft und des Moments in sich vereinen. Aus den
beiden EL für das untere und das obere Kernpunktsmoment ergeben sich sofort und
zuverlässig die gesuchten ungünstigsten Laststellungen und durch Auswertung deren
maximale Wirkungen. Da bei Dreigelenkbögen die größte Beanspruchung im Bogenviertel auftritt, muß der Spannungsnachweis in diesem Querschnitt durchgeführt werden,
wozu die EL dieser beiden Kernpunktsmomente mit Hilfe der Lastscheidepunkte L (vgl.
Beispiele 18 und 20) rechnerisch ermittelt werden.
Bei einem Neigungswinkel $\varphi = 13,5°$ der Tangente an die Bogenachse (Stützlinie) bei
$x_S = l/4 = 12,0$ m und einer Kernweite $k_o = k_u = d/6 = 0,207$ m ergeben sich für die Kernpunkte folgende Koordinaten

58

$$y_{Ku} = y_S + k_u \cdot \cos \varphi = 4{,}70 + 0{,}207 \cdot 0{,}972 = 4{,}90 \text{ m} \qquad y_{Ko} = 4{,}50 \text{ m}$$

$$x_{Ku} = x_S - k_u \cdot \sin \varphi = 12{,}0 - 0{,}207 \cdot 0{,}233 = 11{,}95 \text{ m} \qquad x_{Ko} = 12{,}05 \text{ m}$$

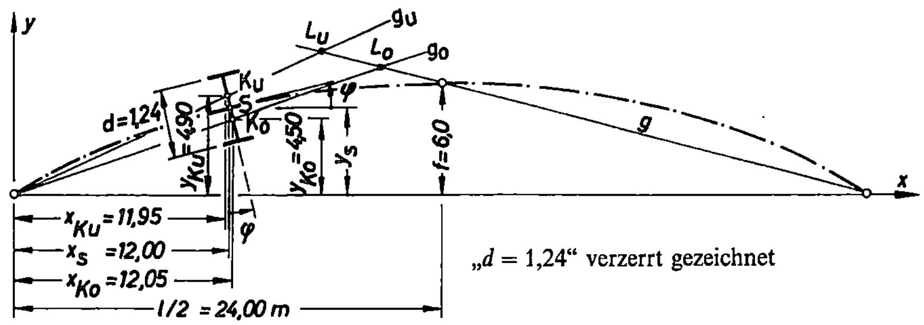

Bild 61. Koordinaten der Kernpunkte; Ermittlung der Lastscheidepunkte.

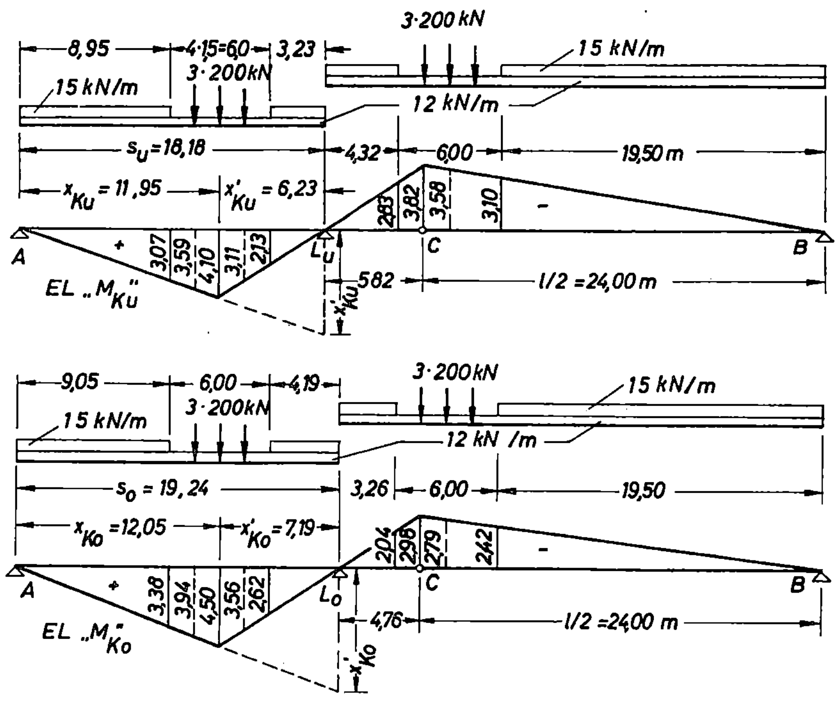

Bild 62. EL „M_{Ku}" und EL „M_{Ko}" mit ungünstigsten Laststellungen.

Die Abszissen der Lastscheidepunkte bestimmen sich aus

$$y_{Ku} \cdot s_u / x_{Ku} = -0,25 \cdot s_u + 12,00$$

$$s_u = 12,00/(4,90/11,95 + 0,25) = 18,18 \text{ m}$$

$$y_{Ko} \cdot s_o / x_{Ko} = -0,25 \cdot s_o + 12,00$$

$$s_o = 12,00/(4,50/12,05 + 0,25) = 19,24 \text{ m}$$

Die Ersatzgelenkträger mit diesen Stützweiten haben folgende EL-Ordinaten bei

$P = 1$ in K_u: $\qquad \eta = \quad 11,95 \cdot 6,23/18,18 = \quad 4,10$ m

$P = 1$ in C: $\qquad \eta = -11,95 \cdot 5,82/18,18 = -3,82$ m

$P = 1$ in K_o: $\qquad \eta = \quad 12,05 \cdot 7,19/19,24 = \quad 4,50$ m

$P = 1$ in C: $\qquad \eta = -12,05 \cdot 4,76/19,24 = -2,98$ m

3. Grenzwerte der Kernpunktsmomente

Über die beiden positiven und die beiden negativen Einflußflächen ist in Bild 62 der Verkehrslastenzug jeweils in die ungünstigste Stellung gebracht, für die sich sodann mit den zugehörigen EL-Ordinaten folgende Grenzwerte ergeben:

$$+ M_{Ku,p} = +24 \cdot 3,07 \cdot \quad 8,95/2 + 200 \cdot (3,59 + 4,10 + 3,11) +$$
$$+ 24 \cdot 2,13 \cdot \quad 3,23/2 + 3,0 \cdot 4,10 \cdot 18,18/2 \qquad = +2684 \text{ kN m}$$

$$- M_{Ku,p} = -24 \cdot 2,83 \cdot \quad 4,32/2 - 3 \cdot 200 \cdot 3,58 -$$
$$- 24 \cdot 3,10 \cdot 19,50/2 - 3,0 \cdot 3,82 \cdot 29,82/2 \qquad = -3191 \text{ kN m}$$

$$+ M_{Ko,p} = +24 \cdot 3,38 \cdot \quad 9,05/2 + 200 \cdot (3,94 + 4,50 + 3,56) +$$
$$+ 24 \cdot 2,62 \cdot \quad 4,19/2 + 3,0 \cdot 4,50 \cdot 19,24/2 \qquad = +3029 \text{ kN m}$$

$$- M_{Ko,p} = -24 \cdot 2,04 \cdot \quad 3,26/2 - 3,20 \cdot 2,79 -$$
$$- 24 \cdot 2,42 \cdot 19,50/2 - 3,0 \cdot 2,98 \cdot 28,76/2 \qquad = -2449 \text{ kN m}$$

Mit den Kernpunktsmomenten infolge ständiger Last

$$M_{Ku,g} = -N_g \cdot k_u = -13\,540 \cdot 0,207 = -2803 \text{ kN m}$$

$$M_{Ko,g} = +N_g \cdot k_o = +13\,540 \cdot 0,207 = +2803 \text{ kN m}$$

betragen die Grenzwerte infolge Verkehrsbelastung und ständiger Last

$$\max M_{Ku} = -2803 - 3191 = -5994 \text{ kN m}$$

$$\min M_{Ku} = -2803 + 2684 = -\quad 119 \text{ kN m}$$

$$\max M_{Ko} = +2803 + 3029 = +5832 \text{ kN m}$$

$$\min M_{Ko} = +2803 - 2449 = +\quad 354 \text{ kN m}$$

5. Einflußlinien für Stabkräfte von statisch bestimmten Fachwerken

Die EL der Lagerkräfte von statisch bestimmten Fachwerken entsprechen denen eines waagerechten Vollwandträgers mit derselben Stützweite (Ersatzträger).
Die Ermittlung der EL für Stabkräfte von statisch bestimmten Fachwerken wird hier nur mit den in Teil 1 Zi. 11. aufgeführten Schnittkraftgleichungen, die sich entweder aus dem Ritterschen Schnittverfahren an einem allgemeinen ebenen Kraftsystem oder dem Rundschnittverfahren eines zentralen ebenen Kraftsystems ergeben, erläutert. Von Bedeutung ist die Lage des Lastgurtes, also ob die Fahrbahn oben oder unten liegt, wobei vorausgesetzt wird, daß die Lasten nur in den Knotenpunkten eingeleitet werden.

5.1. Parallelfachwerkträger

Für die Kräfte in Gurtstäben gelten folgende Gleichungen

$$O = - M_m/h \tag{11a}$$

$$U = + M_n/h \tag{11b}$$

Die EL der Gurtstäbe sind also nichts anderes, als die durch die Fachwerkhöhe $- h$ oder $+ h$ dividierte EL der Biegemomente des waagerechten Ersatzträgers in bezug auf den gegenüberliegenden Knotenpunkt m oder n. Es liegt unmittelbare Lasteintragung vor.

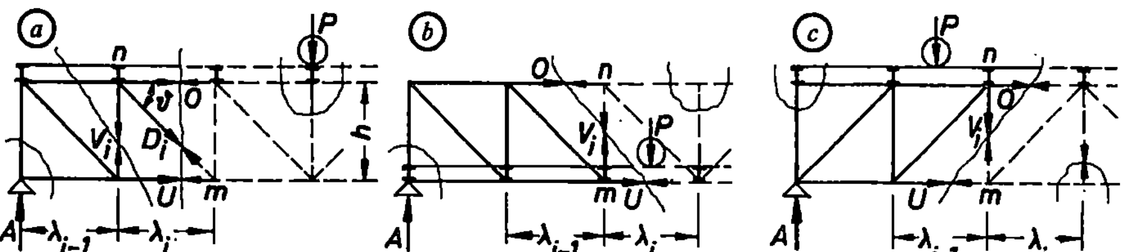

Bild 63. Parallelfachwerkträger.

Aus der Gleichgewichtsbedingung $\Sigma V = 0$ ergibt sich für Diagonalstabkräfte mit

fallenden Diagonalen ↘	$D_i = + Q_i/\sin\delta$
steigenden Diagonalen ↗	$D_i = - Q_i/\sin\delta$

$$\tag{11c}$$

und für Vertikalstabkräfte bei

↘ D und Fahrbahn oben, Bild 63a	$V_i = - Q_{i-1}$
↗ D und Fahrbahn unten	$V_i = + Q_{i-1}$
↘ D und Fahrbahn unten, Bild 63b	$V_i = - Q_i$
↗ D und Fahrbahn oben, Bild 63c	$V_i = + Q_i$

$$\tag{11d}$$

Die EL der Ausfachungsstabkräfte sind daher diejenigen der Querkraft bzw. der durch $\sin\delta$ dividierten Querkraft im geschnittenen Lastfeld des waagerechten Ersatzträgers unter Berücksichtigung der angegebenen Vorzeichen. Für sie gilt mittelbare Lasteintragung, da das geschnittene Lastgurtfeld immer zwischen zwei Lasteintragungspunkten (Knotenpunkten) liegt.

Bei Endvertikalen nach Bild 63a wird $V = -A$ bzw. $V = -B$, nach Bild 63b wird $V = -(A - P) = -Q_1$ und nach Bild 63c wird $V = -P$, während für die Vertikalstabkräfte in Tragwerksmitte $V = \pm P$ oder $V = 0$ werden. Diese EL reichen also entweder über das ganze Tragwerk oder sie bleiben auf ein bis zwei Fachwerksfelder beschränkt, wobei immer unmittelbare Lasteintragung vorliegt (vgl. Bild 66g).

5.2. Fachwerke mit geneigten Gurtungen

Bei einem Neigungswinkel α der Obergurtstäbe und einem Winkel β der Untergurtstäbe gegen die Horizontale gelten für diese Stabkräfte folgende Gleichungen

$$O = -M_m/(h_m \cdot \cos \alpha) \tag{12a}$$

$$U = +M_n/(h_n \cdot \cos \beta) \tag{12b}$$

Die EL für die Stabkräfte der Gurtungen lassen sich ebenfalls durch die EL der Biegemomente des waagerechten Ersatzträgers in bezug auf die gegenüberliegenden Knotenpunkte m oder n bestimmen, wenn diese durch $-h_m \cdot \cos \alpha$ bzw. $+h_n \cdot \cos \beta$ dividiert werden, wobei h_m und h_n die lotrechten Höhen des Fachwerks an diesen Bezugspunkten sind. Auch hier besteht unmittelbare Lasteintragung.

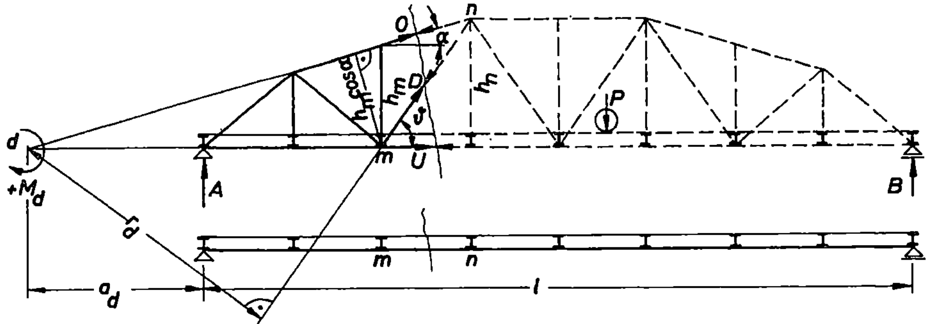

Bild 64. Fachwerk mit geneigten Gurtungen; Ersatzträger.

Bei einem Neigungswinkel δ der Diagonalen gegen die Horizontale bestimmt sich ihre Stabkraft aus $\Sigma H = 0$ mit der Gleichung

$$D = M_m/(h_m \cdot \cos \delta) - M_n/(h_n \cdot \cos \delta) \tag{12c}$$

worin sich der erste Summand immer auf den Fußpunkt der Diagonalen bezieht. Die EL „D" ist also aus zwei verzerrten EL für Biegemomente am Ersatzträger zu überlagern (vgl. Beispiel 28). Sie kann jedoch auch aus $\Sigma M = 0$ in bezug auf den Schnittpunkt d von O mit U nach

$$D = \pm M_d/r_d \tag{12d}$$

62

ermittelt werden. Bei Laststellungen $P = 1$ rechts vom Schnittfeld und steigender Diagonale ist $D = -A \cdot a_d/r_d$; daher gilt dort die mit $-a_d/r_d$ verzerrte EL „A" und bei Laststellungen links vom Schnittfeld ist $D = B \cdot (a_d + l)/r_d$ und somit in diesem Bereich die mit $(a_d + l)/r_d$ multiplizierte EL „B". Bei fallender Diagonale sind die Vorzeichen entgegengesetzt, Lasteintragung ist mittelbar. Die Längen a_d und r_d können aus der Zeichnung abgemessen oder analytisch berechnet werden. Die Lage des Lastscheidepunktes L kann auch zeichnerisch bestimmt werden, indem der vom Ritterschnitt getroffene Gurtstab der unbelasteten Gurtung bis zu den Stützenloten verlängert wird und diese Schnittpunkte a und b mit den lasteintragenden Knotenpunkten n' und m des Schnittfeldes verbunden werden. Diese beiden Geraden schneiden sich in L′ lotrecht über L (vgl. Bilder 71 a und d in Beispiel 30).

Die EL für Vertikalstabkräfte sind abhängig von der Anordnung der Diagonalen sowie der Lage der Lastangriffspunkte und lassen sich durch Schnittkraftgleichungen nach dem Rundschnittverfahren (vgl. Teil 1, Zi. 11.1.) ermitteln (vgl. Beispiel 29).

5.3. Strebenfachwerk

Bei einem reinen Strebenfachwerk mit nur abwechselnd fallenden und steigenden Diagonalen sind die Knotenpunkte der Gurtung, welche die Fahrbahn trägt, als Lagerpunkte der Fahrbahnquerträger die Lasteintragungspunkte, während die Knotenpunkte der anderen Gurtung zwischen diesen lasteintragenden Querträgern liegen. Da nach Gl. (11 a und b) die Gurtknotenpunkte Bezugspunkte für die jeweils gegenüberliegenden Gurtstabkräfte sind, haben außer den Diagonalen bei unten liegender Fahrbahn auch die Untergurtstäbe und bei obenliegender Fahrbahn auch die Obergurtstäbe mittelbare Lasteintragung (vgl. Beispiel 32).

Beispiel $\boxed{25}$

Für den Parallelfachwerkträger (Bild 65) einer eingleisigen S-Bahnbrücke mit Regelspur sind zu ermitteln:

1. Die EL der Stabkräfte U_2, O_2, V_3 und V_4.
2. $\max(U_3 - U_2)$ für $g = 13$ kN/m je HT für das klassifizierte (geleichterte) Lastbild UIC 71 nach Bild 67.

Vgl. Beispiel 173 im Teil 1.

1. Die EL der Stabkräfte

Für die Bestimmung von Gurtstabkräften bei Fachwerken mit horizontalen Gurtungen gelten die Gl. (11 a, b). Folglich ist die EL „U_2" die mit $1/h$ multiplizierte EL für das Biegemoment M_n und die EL „O_2" die mit $-1/h$ multiplizierte EL für das Biegemoment M_m in den Punkten n bzw. m des Ersatzträgers, die sich aus dem Ritterschnitt I–I (vgl. Teil 1, Zi. 11.2.) ergeben. Da die Bezugspunkte mit den Belastungsstellen zusammenfallen, liegt für beide EL unmittelbare Lasteintragung vor.

EL „U_2": $\quad \eta_n = \quad 1 \cdot x_n \cdot x'_n/(l \cdot h) \quad = \quad 1 \cdot 3,0 \cdot 15,0/(18,0 \cdot 3,0) = \quad 0,833$

EL „O_2": $\quad \eta_m = -1 \cdot x_m \cdot x'_m/(l \cdot h) = -1 \cdot 6,0 \cdot 12,0/(18,0 \cdot 3,0) = -1,333$

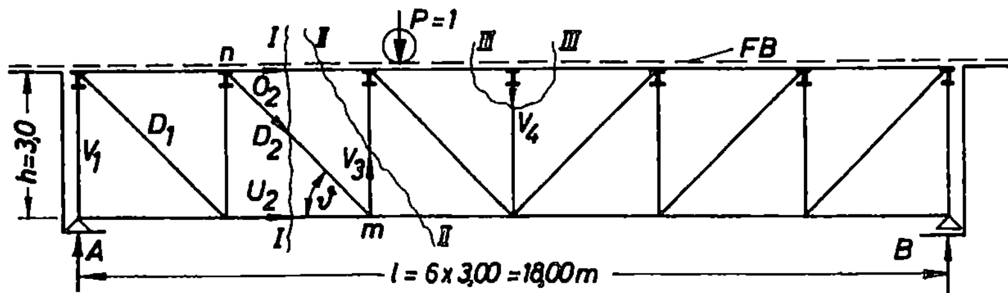

Bild 65. Parallelfachwerkträger.

Bei fallenden Diagonalen gilt die Gl. (11 c): $D_i = + Q_i/\sin\delta$, worin Q_i die Querkraft im geschnittenen Feld unter Berücksichtigung ihres Vorzeichens ist. Die EL „D_2" ist also die mit $1/\sin\delta$ multiplizierte EL für die Querkraft des Ersatzträgers im Schnittfeld $n-m$ (Ritterschnitt I–I in Bild 65) zwischen zwei Belastungspunkten, weshalb mittelbare Lasteintragung vorliegt.

$$\delta = 45°; \qquad 1/\sin\delta = \sqrt{2};$$

$$\text{EL „}D_2\text{":} \quad \eta_l = -1\cdot\xi/(l\cdot\sin\delta) \quad = -1\cdot 3{,}0\cdot\sqrt{2}/18{,}0 \quad = -0{,}236$$
$$\eta_r = +1\cdot\xi'/(l\cdot\sin\delta) \quad = +1\cdot 12{,}0\cdot\sqrt{2}/18{,}0 \quad = +0{,}943 \qquad |\Sigma| = 1{,}179$$
$$s = \lambda + |\eta_l|\cdot\lambda/(|\eta_l| + |\eta_r|) = 3{,}0 + 0{,}236\cdot 3{,}0/1{,}179 = 3{,}60 \text{ m}$$

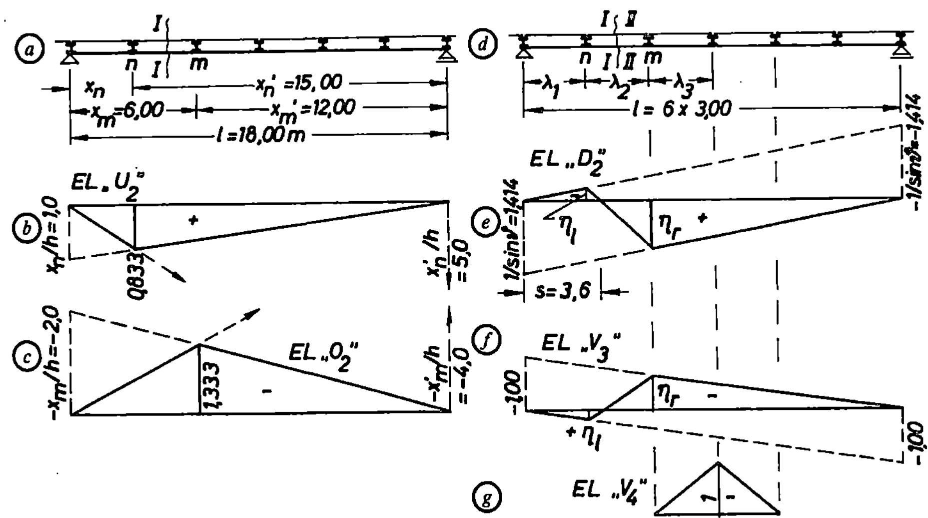

Bild 66. Ersatzträger und fünf EL.

Für Vertikalstäbe in Parallelfachwerkträgern mit fallenden Diagonalen und belastetem Obergurt gilt nach Gl. (11 d): $V_i = -Q_{i-1}$, d.h., die EL „V_3" ist die EL von

$-Q_{n-m} = -Q_2$ des Ersatzträgers mit mittelbarer Lasteintragung, was aus dem Schnitt II–II zu sehen ist; damit ist auch EL „V_3" = EL „$-D_2 \cdot \sin \delta$"

EL „V_3": $\quad \eta_l = +1 \cdot \xi/l \; = +1 \cdot 3,0/18,0 \; = +0,167$

$\qquad\qquad \eta_r = -1 \cdot \xi'/l = -1 \cdot 12,0/18,0 = -0,667 \qquad |\Sigma| = 0,833$

$\qquad\qquad s = 3,0 + 0,167 \cdot 3,0/0,833 \qquad = 3,60 \text{ m}$

Die EL für die Vertikalstabkraft V_4 ergibt sich aus dem Rundschnitt III–III nach Bild 65 als Einflußlinie des negativen Auflagerdrucks der Fahrbahnträger in diesem Knoten. Ihr Einflußbereich endet an seinen benachbarten Knoten, denn wenn $P = 1$ dort steht, ist $V_4 = 0$, also $\eta = 0$.

2. Die EL für die Differenz der Stabkräfte U_3 und U_2 mit Auswertung

Für Bauwerke unter besonderen S-Bahngleisen wird nach DS 804 Abs. 40 das Lastbild UIC 71 mit $v_k = 0,8$ geleichtert. Es ist zu beachten, daß bei eingleisigen Brücken mit zwei Hauptträgern einer nur die Hälfte der Belastung erhält, wobei nach Abs. 48 und Tabelle 4 für $l_\varphi = 18$ m der Schwingbeiwert $\varphi = 1,18$ beträgt.

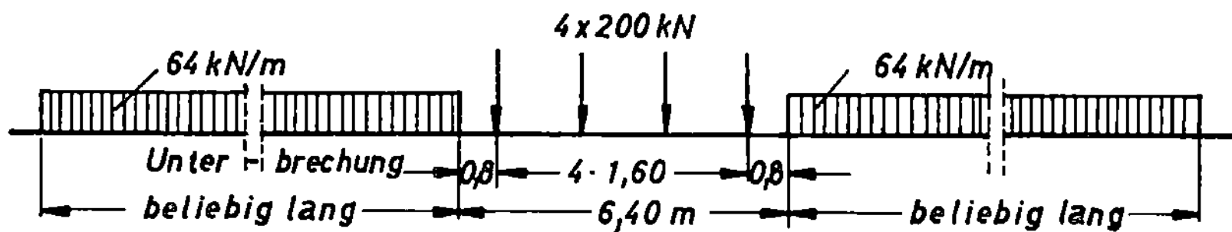

Bild 67. Mit $v_k = 0,8$ geleichtertes Lastbild UIC 71.

Die größte Differenz der Stabkräfte zweier aufeinanderfolgender Gurtstäbe, die bei rollender Verkehrsbelastung nur durch Auswertung der entsprechenden EL bestimmt werden kann, wird für die Berechnung des Knotenanschlusses benötigt. Die gesuchte EL ergibt sich durch Überlagerung der EL beider Untergurtstabkräfte, also EL „U_3" – EL „U_2".

$$\eta_l = (x'_m \cdot \xi - x_n \cdot x'_n)/(l \cdot h) \; = (12,0 \cdot 3,0 - 3,0 \cdot 15,0)/(18,0 \cdot 3,0) = -0,167$$

$$\eta_r = (x_m \cdot x'_m - x_n \cdot \xi')/(l \cdot h) = (6,0 \cdot 12,0 - 3,0 \cdot 12,0)/(18,0 \cdot 3,0) = +0,667$$

Diese Überlagerung ist in Bild 68b durchgeführt; die Lage des Lastscheidepunktes bestimmt sich analytisch aus

$$1/18 \cdot s' = -4/18 \cdot s' + 4,0 \quad \text{zu} \quad s' = 14,40 \text{ m}$$

Bei Parallelfachwerkträgern mit $\delta = 45°$ erübrigt sich diese Überlagerung, da

$$U_3 - U_2 = D_2 \cdot \cos \delta = Q_2 \cdot \cot \delta = Q_2$$

ist; d. h., die gesuchte EL ist die EL für die Querkraft im 2. HT-Feld (Bild 68c).

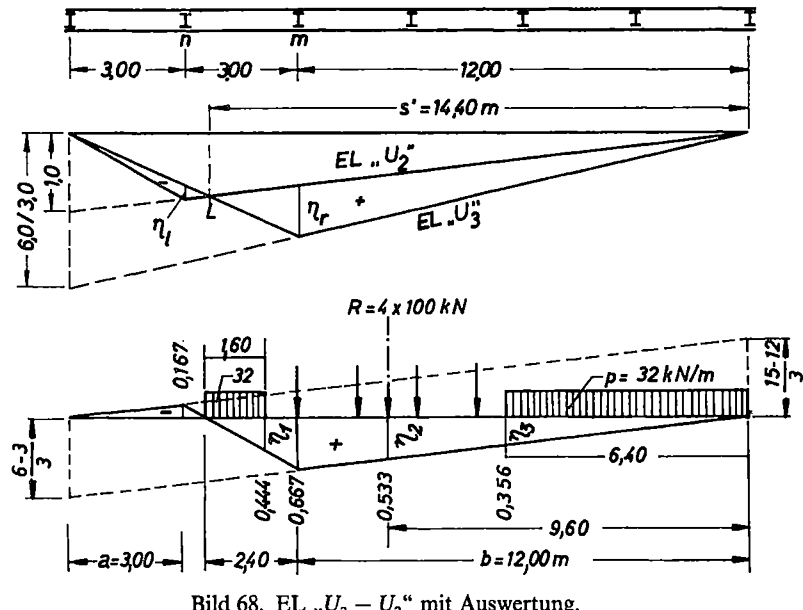

Bild 68. EL „$U_3 - U_2$" mit Auswertung.

Sodann wird die EL von einer Geraden aus aufgetragen und der Verkehrslastenzug in die ungünstigste Stellung gebracht (Bild 68c). Die Auswertung ergibt

infolge g: $g \cdot (b - a)/2 \quad = 13 \cdot (12,0 - 3,0)/2 \qquad\qquad = 58,5$ kN

infolge p: $p \cdot \eta_1 \cdot 1,60/2 + R \cdot \eta_2 + p \cdot \eta_3 \cdot 6,40/2$

$\qquad 32 \cdot 0,444 \cdot 1,60/2 + 4 \cdot 100 \cdot 0,533 + 32 \cdot 0,356 \cdot 6,40/2 = 261,1$ kN

$\qquad \max (U_3 - U_2) = 58,5 + 1,18 \cdot 261,1 \qquad\qquad = 367 \quad$ kN

Beispiel 26

Die Grenzwerte der Stabkräfte D_1 und V_4 für das Fachwerk des vorigen Beispiels sind zu berechnen.

Ergebnisse:

Die größte Stabkraft ergibt sich für D_1, wenn die erste, und für V_4, wenn die dritte Radlast über der größten Ordinate steht.

$$\max D_1 = \quad 772 \text{ kN}, \quad \min D_1 = \quad 138 \text{ kN}$$
$$\max V_4 = - 270 \text{ kN}, \quad \min V_4 = - \quad 39 \text{ kN}.$$

Beispiel 27

Für das Fachwerk mit den Abmessungen von Beispiel 25, aber mit steigenden Diagonalen (vgl. Bild 63c), sind die Grenzwerte der Stabkräfte V_1 und V_3 für eine ständige Last von $g = 13$ kN/m je HT und für das Lastbild 67 sowie $\varphi = 1,18$ zu berechnen.

Lösungshinweise und Ergebnisse:

max V_3 ergibt sich, wenn die erste Radlast in Brückenmitte steht und alle anderen rechts stehen.

min V_3 ergibt sich, wenn die letzte Radlast über V_3 steht und alle anderen links davon stehen.

$$\max V_1 = -195\ \text{kN}, \quad \min V_1 = -19,5\ \text{kN}$$
$$\max V_3 = 210\ \text{kN}, \quad \min V_3 = -76\ \text{kN}$$

Beispiel $\boxed{28}$

Für den symmetrischen Dachbinder nach Bild 69 sind die Stabkräfte O_3 und D_3 infolge der Einheitsknotenbelastung (vgl. Teil 1, Beispiele 154 und 174) mittels EL zu bestimmen.

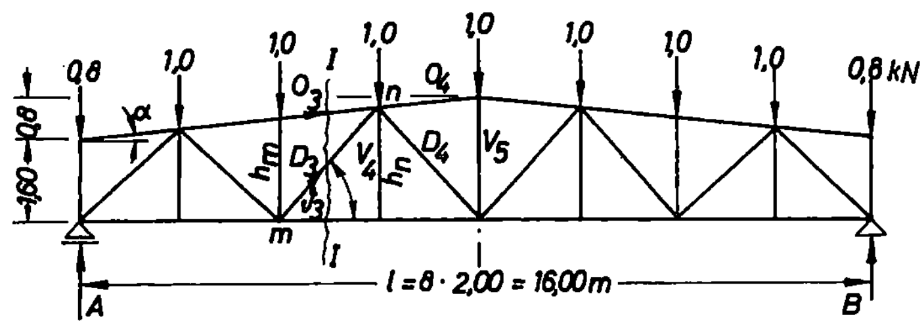

Bild 69. Dachbinder mit Einheitsbelastung.

1. Ermittlung der EL

Bei geneigtem Obergurt gilt

Gl. (12 a):
$$O = -M_m/(h_m \cdot \cos\alpha)$$

wobei m der Schnittpunkt der beiden anderen vom Ritterschnitt I–I geschnittenen Stäbe, h_m die Höhe des Fachwerks an der Stelle m (vgl. Bilder 64 und 69) und α der Neigungswinkel des Obergurtes ist. Die EL „O_3" ist daher die mit $-1/(h_m \cdot \cos\alpha)$ multiplizierte EL für das Moment im Punkt m des Ersatzträgers.

$$\eta = -\frac{x_m \cdot x_m'}{l \cdot h_m \cdot \cos\alpha} = -\frac{4,0 \cdot 12,0}{16,0 \cdot 2,0 \cdot 0,995} = -1,508\ \text{m}$$

Für die Diagonale gilt

Gl. (12 b):
$$D = M_m/(h_m \cdot \cos\delta) - M_n/(h_n \cdot \cos\delta)$$

was bedeutet, daß zwei verzerrte EL der Biegemomente für die Punkte m und n des Ersatzträgers zu überlagern sind; m ist der Fußpunkt der Diagonale (vgl. Bild 70 c).

$$\eta_l = \frac{x_m \cdot x_m'}{l \cdot h_m \cdot \cos\delta_3} - \frac{x_n' \cdot \zeta}{l \cdot h_n \cdot \cos\delta_3} = \frac{4,0 \cdot 12,0}{16,0 \cdot 2,0 \cdot 0,673} - \frac{10,0 \cdot 4,0}{16,0 \cdot 2,2 \cdot 0,673} = +0,540$$

$$\eta_r = \frac{x_m \cdot \zeta'}{l \cdot h_m \cdot \cos\delta_3} - \frac{x_n \cdot x_n'}{l \cdot h_n \cdot \cos\delta_3} = \frac{4,0 \cdot 10,0}{16,0 \cdot 2,0 \cdot 0,673} - \frac{6,0 \cdot 10,0}{16,0 \cdot 2,2 \cdot 0,673} = -0,676$$

EL für Diagonalstabkräfte können auch ohne Überlagerung ermittelt werden, wenn nach Gl. (12 d) das Moment auf den Schnittpunkt d von O mit U bezogen wird, der für alle Diagonalen der linken Tragwerkshälfte (vgl. Bild 64 und 71 d) den Abstand

$$a_d = 1{,}60/\tan\alpha = 1{,}60/0{,}10 = 16{,}00\ \text{m} \qquad\qquad \text{hat.}$$

Der Hebelarm der steigenden Diagonalen D_3 ist

$$r_d = (a_d + 4{,}0)\cdot\sin\delta_3 = 20{,}00\cdot 0{,}740 = 14{,}80\ \text{m}$$

Für Laststellungen $P = 1$ rechts des Schnittfeldes wird

$$M_d = -A\cdot a_d/r_d = -A\cdot 16{,}00/14{,}80 = -1{,}081\cdot A$$

und für Laststellungen links vom Schnittfeld wird

$$M_d = +B\cdot(a_d + l)/r_d = +B\cdot(16{,}00 + 16{,}00)/14{,}80 = +2{,}162\cdot B$$

Für die EL „D_3" sind daher aufzutragen

über A: $\quad -1\cdot 1{,}081 = -1{,}081 \quad$ und unter B: $\quad +1\cdot 2{,}162 = +2{,}162$

Ihre Ordinaten am Fuß- und Kopfpunkt von D_3 betragen

$$\eta_l = 1\cdot\xi/l\cdot 2{,}162 \qquad = 1\cdot 4{,}0/16{,}0\cdot 2{,}162 \qquad = +0{,}540$$
$$\eta_r = 1\cdot\xi'/l\cdot(-1{,}081) = -1\cdot 10{,}0/16{,}0\cdot 1{,}081 = -0{,}676$$

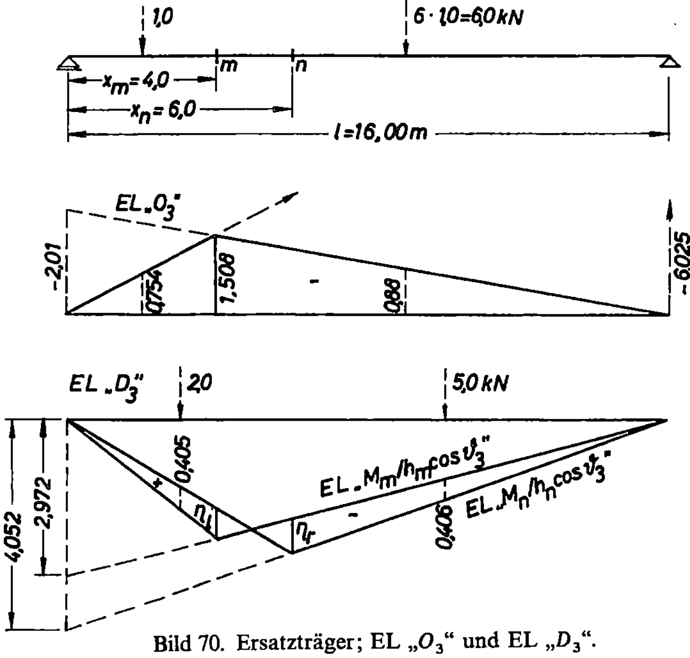

Bild 70. Ersatzträger; EL „O_3" und EL „D_3".

Der Lastscheidepunkt L hat vom Lager A den Abstand

Gl. (7c): $\qquad s = 4,00 + 2,00 \cdot 0,540/(0,540 + 0,676) = 4,89 \text{ m}$

Dieses Verfahren ist auch im Beispiel 30 erläutert.

2. Auswertung für Knotenlasten von 1 kN

$$O_3 = -1,0 \cdot 0,754 - 6,0 \cdot 0,880 = -6,03 \text{ kN}$$
$$D_3 = +2,0 \cdot 0,405 - 5,0 \cdot 0,406 = -1,22 \text{ kN}$$

Vgl. Teil 1 Beispiel 154, Tabelle Spalte 2.

Beispiel 29

Auf einem Kranbahnträger, der an den Untergurtknotenpunkten des Binders von Beispiel 28 befestigt ist, rollt ein Kran mit den Raddrücken von je 1 kN bei einem Radstand von 1,50 m. Die größten und gegebenenfalls die kleinsten Stabkräfte O_4, D_4, V_4 und V_5 infolge dieser Verkehrsbelastung allein sind zu ermitteln.

Lösungshinweise und Ergebnisse:

Die EL von Q_4 und D_4 werden wie im vorigen Beispiel ermittelt.

$$\max O_{4p} = -3,04 \text{ kN}$$
$$\max D_{4p} = -1,18 \text{ kN}$$
$$\min D_{4p} = +0,82 \text{ kN}$$

Der Einflußbereich von V_4 erstreckt sich nur über die beiden benachbarten Felder (vgl. Bild 66g), während der von V_5 die ganze Fachwerksstützweite umfaßt. Aus einem Rundschnitt am Firstknoten ergibt sich

$$V_5 = -2 \cdot O_4 \cdot \sin \alpha$$
$$\max V_{5p} = +0,60 \text{ kN}$$
$$\max V_{4p} = +1,25 \text{ kN}$$

Beispiel $\boxed{30}$

Für den in Bild 71a dargestellten Fachwerkbinder, deren Obergurtknotenpunkte auf einer Parabel mit $f = 4,0$ m liegen, sind die EL von D_1, D_2 und V_1 zu ermitteln.
In den Beispielen 25 und 28 wurden die EL für Diagonalstabkräfte durch Überlagerung zweier verzerrter EL für Biegemomente des Ersatzträgers gefunden, während bei Anwendung der Gl. (12d): $D = \pm M_d/r_d$ eine Überlagerung vermieden wird. In bezug auf den Schnittpunkt I von U_1 mit O_1 wird für Laststellungen rechts vom Schnittfeld und bei fallenden Diagonalen $D_1 = A \cdot a_1/r_1$ (Bild 71f), d.h., die EL für D_1 ist die mit a_1/r_1 multiplizierte EL „A" unter Berücksichtigung der mittelbaren Lasteintragung.

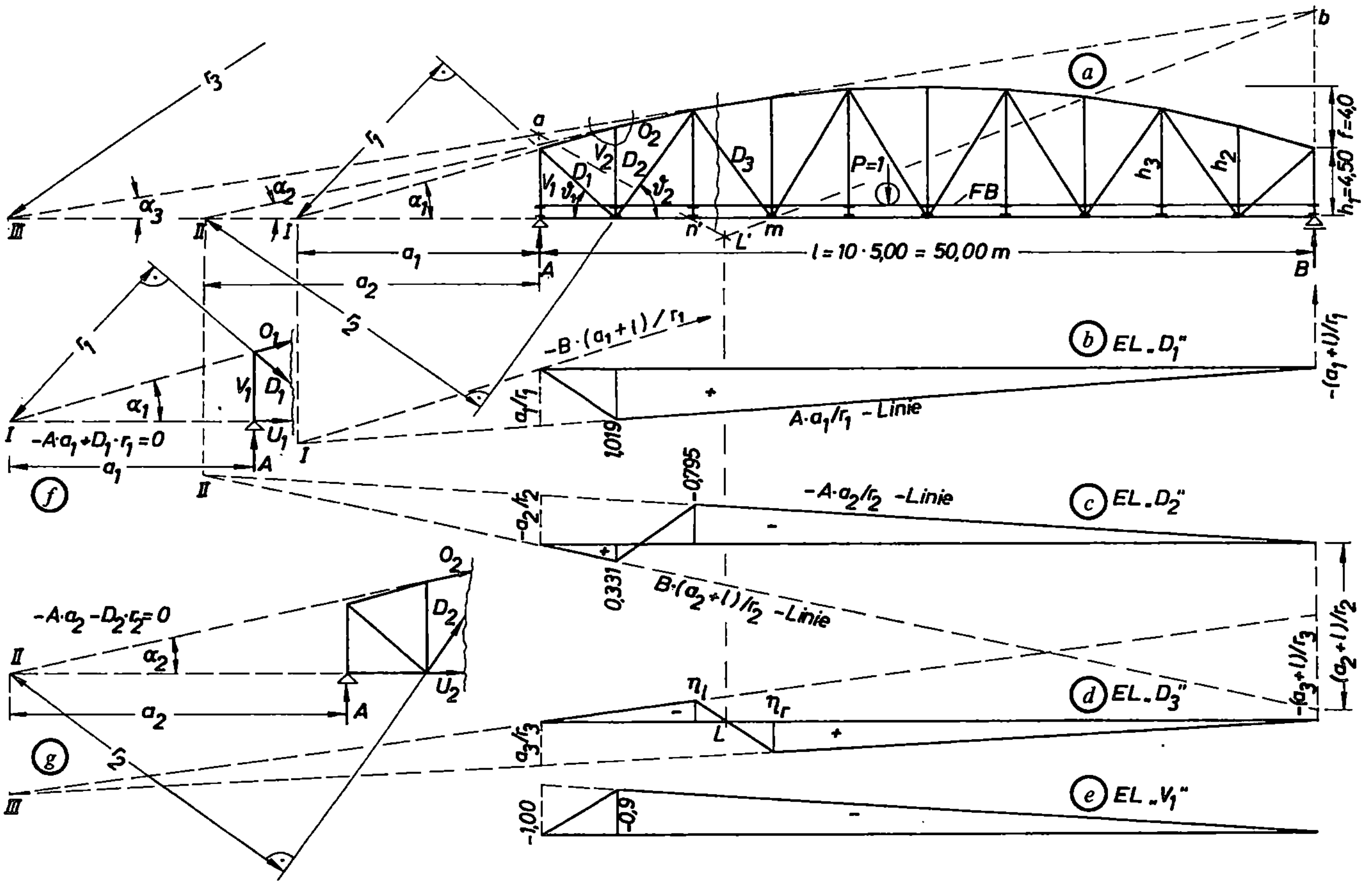

Bild 71. Fachwerkbinder mit Schnittpunkten und Einflußlinien.

$$h_2 = h_1 + 4 \cdot f \cdot x \cdot (l - x)/l^2 = 4,50 + 4 \cdot 4,0 \cdot 5,0 \cdot 45,0/50,0^2 = 5,94 \text{ m}$$

$$\tan \alpha_1 = (5,94 - 4,50)/5,0 \qquad = 0,288$$

$$y = \tan \alpha_1 \cdot a_1 + h_1 = 0; \quad |a_1| = h_1/\tan \alpha_1 = 15,625 \text{ m}; \quad a_1 + l = 65,625 \text{ m}$$

$$\delta_1 = 4,50/5,0 = 0,900 \qquad \sin \delta_1 = 0,669$$

$$r_1 = (a_1 + 5,0) \cdot \sin \delta_1 \qquad = 20,625 \cdot 0,669 = 13,80 \text{ m}$$

Für die EL „D_1" ist demnach aufzutragen

unter A: $\qquad a_1/r_1 = \quad 15,625/13,80 \qquad = 1,132$

über B: $\quad -(a_1 + l)/r_1 = -65,625/13,80 \qquad = -4,755$

$$\eta_l = 0; \qquad \eta_r = 1 \cdot \zeta' \cdot a_1/(l \cdot r_1) \qquad = 45 \cdot 15,625/(50 \cdot 13,80) = 1,019$$

Die Linien $A \cdot a_1/r_1$ und $-B \cdot (a_1 + l)/r_1$ müssen sich lotrecht unter I schneiden (Bild 71 a, b). D_2 ist eine steigende Diagonale und II der Schnittpunkt von O_2 mit U_2 (Bild 71 g). Für Laststellungen rechts vom Schnittfeld wird $D_2 = -A \cdot a_2/r_2$, also ist die EL „A" mit $-a_2/r_2$ zu multiplizieren, während für Laststellungen links vom Schnittfeld $D_2 = B \cdot (a_2 + l)/r_2$ wird, d.h., jetzt gilt die mit $(a_2 + l)/r_2$ verzerrte EL „B". Beide Linien müssen sich wieder lotrecht unter II schneiden (Bild 71 c).

$$h_3 = 4,50 + 4 \cdot 4,0 \cdot 10,0 \cdot 40,0/50,0^2 \qquad = 7,06 \text{ m}$$

$$\tan \alpha_2 = (7,06 - 5,94)/5,0 \qquad = 0,224$$

$$y = \tan \alpha_2 \cdot (a_2 - 5,0) + h_2 = 0; \quad |a_2| = 21,52 \text{ m}; \quad a_2 + l = 71,52 \text{ m}$$

$$\tan \delta_2 = 7,06/5,0 = 1,141 \qquad \sin \delta_2 = 0,816$$

$$r_2 = (a_2 + 5,0) \cdot \sin \delta_2 = 26,52 \cdot 0,816 \quad = 21,64 \text{ m}$$

Für die EL „D_2" ist aufzutragen

über A: $\quad -a_2/r_2 \quad = -21,52/21,64 \qquad = -0,994$

unter B: $\quad (a_2 + l)/r_2 = \quad 71,52/21,64 \qquad = \quad 3,305$

$$\eta_l = 1 \cdot \xi \cdot (a_2 + l)/(l \cdot r_2) = \quad 5 \cdot 71,52/(50 \cdot 21,64) = \quad 0,331$$

$$\eta_r = -1 \cdot \zeta' \cdot a_2/(l \cdot r_2) \quad = -40 \cdot 21,52/(50 \cdot 21,64) = -0,795$$

Aus einem Rundschnitt um den Auflagerknoten ergibt sich $V_1 = -(A - P) = -Q_1$, daher ist die EL „V_1" identisch mit der EL „$-Q_1$" (vgl. Bild 71 e).

Beispiel 31

Die Grenzwerte der Stabkräfte O_2, V_2 und D_3 des Fachwerk-Hauptträgers nach Bild 71 a einer eingleisigen Eisenbahnbrücke mit offener Fahrbahn sind für eine ständige Last $g = 40$ kN/m, Lastbild UIC 71 und dem Schwingbeiwert $\varphi = 1,03$ zu ermitteln.

Ergebnisse:

O_2: $\quad \eta = -0,776$ bei $x = 5,0$ m $\qquad$ min $O_2 = -389$ kN; max $O_2 = -1375$ kN

V_2: $\quad \eta = +0,049$ bei $x = 5,0$ m $\qquad$ min $V_2 = + \quad 24$ kN; max $V_2 = + \quad 86$ kN

D_3: $\quad \eta_l = -0,419$; $\eta_r = 0,596$ (Bild 71 d) min $D_3 = - \quad 47$ kN; max $D_3 = + \quad 749$ kN

Für das Strebenfachwerk nach Bild 72a sind die EL der Stabkräfte 5, 6, 7, 8, 14, 15 und 16 zu ermitteln

Das Fachwerk ist, wenn der Stab 20 nicht vorhanden oder kraftlos angeschlossen ist, ein Gelenkträger, dessen EL nebst Einflußbereich an dem in Bild 72b dargestellten Ersatz-

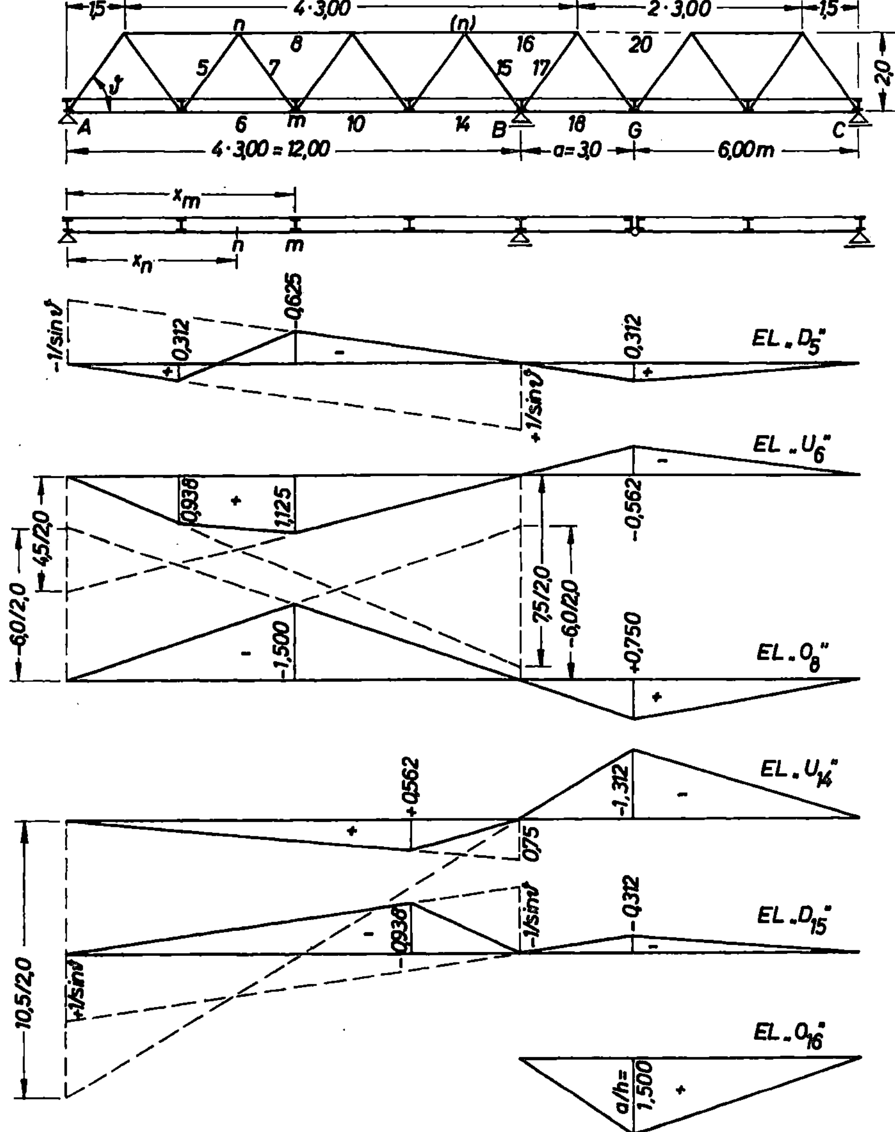

Bild 72. Strebenfachwerk, Ersatzträger, Einflußlinien.

gerberträger bestimmt werden können. Als Strebenfachwerk mit unten liegender Fahrbahn liegt hier nicht nur bei den Streben (Diagonalen), sondern auch bei den Untergurtstäben mittelbare Belastung vor, da sich deren Momentenbezugspunkte n zwischen den Lasteintragungspunkten befinden.

EL „D_5" nach Gl. (11 c)

über A: $-1/\sin\delta = -1,250$ $\eta_l = 3,0\cdot1,250/12,0 = +0,312$

unter B: $+1/\sin\delta = +1,250$ $\eta_r = -6,0\cdot1,250/12,0 = -0,625$

EL „D_7": Es ergeben sich dieselben Werte mit entgegengesetztem Vorzeichen.

EL „U_6" nach Gl. (11 b)

unter A: $x_n/h = 4,50/2,0 = 2,250$ $\eta_l = 3,0\cdot3,75/12,0 = +0,938$

unter B: $x'_n/h = 7,50/2,0 = 3,750$ $\eta_r = 6,0\cdot2,25/12,0 = +1,125$

EL „O_8" nach Gl. (11 a)

über A: $-x_m/h = -6,0/2,0 = -3,000$ $\eta = -x_m\cdot x'_m/(l\cdot h)$

über B: $-x'_m/h = -6,0/2,0 = -3,000$ $\eta = -6,0\cdot6,0/(12,0\cdot2,0) = -1,500$

EL „U_{14}".

unter A: $x_n/h = 10,5/2,0 = 5,250$ $\eta_l = 9,0\cdot0,75/12,0 = +0,562$

unter B: $x'_n/h = 1,50/2,0 = 0,750$ $\eta_r = 0$

EL „D_{15}

unter A: $+1/\sin\delta = +1,250$ $\eta_l = -9,0\cdot1,250/12,0 = -0,938$

über B: $-1/\sin\delta = -1,250$ $\eta_r = 0$

EL „O_{16}"

Bezugspunkt m ist der Lagerpunkt B; der Einflußbereich erstreckt sich also von B bis C

$P = 1$ in G: $\eta = a/h = 3,0/2,0 = 1,50$

Beispiel 33

Am Fachwerk des vorigen Beispiels sind die Grenzwerte der Stabkräfte 10, 17 und 18 für eine gleichmäßig verteilte Belastung von $g = 10\,\mathrm{kN/m}$ und $p = 5\,\mathrm{kN/m}$ zu ermitteln.

Ergebnisse:

$$\max U_{10} = +76,0\,\mathrm{kN}, \quad \min U_{10} = +15,5\,\mathrm{kN}$$

$$\max D_{17} = -84,4\,\mathrm{kN}, \quad \min D_{17} = -56,2\,\mathrm{kN}$$

$$\max U_{18} = -50,6\,\mathrm{kN}, \quad \min U_{18} = -33,8\,\mathrm{kN}$$

6. Einflußlinien von statisch unbestimmten Tragwerken

6.1. Allgemeines

Die Einflußlinien für Lager- und Schnittkräfte sowie für Formänderungen von statisch unbestimmten Tragwerken erstrecken sich immer über die ganze Länge der durch rollende Lasten beeinflußten Fahrbahn und sind K u r v e n; bei mittelbárer Belastung wie z. B. bei Fachwerken sind aber nach Zi. 2.1.2. auch hier zwischen den Lasteintragungsstellen die Ordinatenendpunkte geradlinig zu verbinden (vgl. Beispiel 49).

> Jede EL für irgend eine statische Größe in einem n-fach statisch unbestimmten Tragwerk hat einen ganz bestimmten charakteristischen Verlauf und ist identisch mit den infolge einer entsprechenden Formänderung von der Größe 1 erzeugten B i e g e - l i n i e eines $(n - 1)$-fach unbestimmten Systems (vgl. Zi. 6.5.3.), das dadurch entsteht, daß an der untersuchten Tragwerksstelle ein zusätzlicher Freiheitsgrad geschaffen wird.

In Bild 73 ist dies für Lagerkräfte, Querkräfte und Biegemomente an einem Durchlaufträger über vier Felder dargestellt.

Zur Bestimmung der EL einer Lagerkraft (z. B. für B in Bild 73 b und für E in Bild 73 d wird daher als Freiheitsgrad die lotrechte Lagerung entfernt, wodurch die betreffende Lagerkraft als Unbekannte frei, der Lagerpunkt lotrecht verschiebbar und der Grad der statischen Unbestimmtheit um eins vermindert wird. Sodann wird dieser Punkt entgegen der positiven Richtung der Lagerkraft um die Größe 1 verschoben und die dadurch hervorgerufene Biegelinie ist die EL der Lagerkraft.

Zur Bestimmung der EL einer Querkraft (z. B. für den Schnittpunkt 24 in Bild 73 e) wird an der betreffenden Schnittstelle eine Bewegungsvorrichtung eingeschaltet, die lotrechte Bewegungen gestattet, so daß nur Momente und Längskräfte, aber keine Querkräfte übertragen werden können. Erhalten nun die beiden Schnittufer eine gegenseitige Verschiebung vom Betrag 1 in negativer Richtung der inneren Kräfte, so ist die dadurch erzeugte Biegelinie des $(n - 1)$-fach unbestimmten Systems die gesuchte EL der Quer-

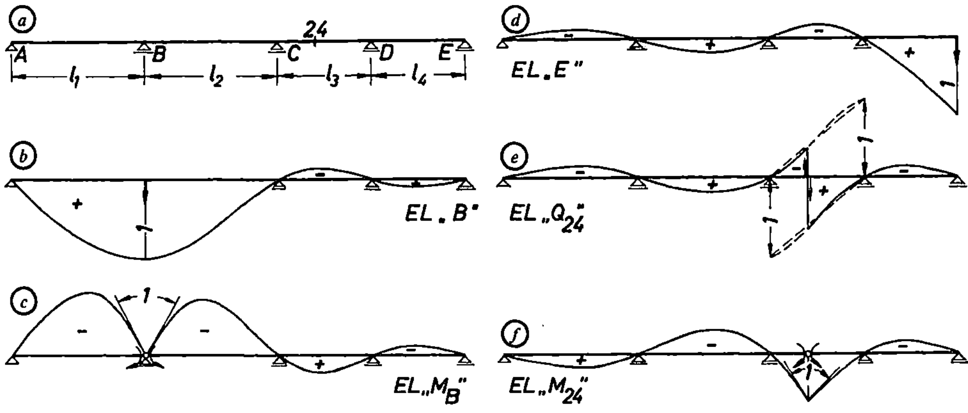

Bild 73. Einflußlinien eines Durchlaufträgers als Biegelinien am HS.

kraft. Bei einem Biegemoment wird an der betreffenden Schnittstelle ein Gelenk eingeschaltet (Bild 73 c, f), wodurch die beiden Schnittufer gegenseitig verdrehbar sind und ein Moment frei geworden ist. Läßt man nun dort ein negatives Doppelmoment von einer solchen Größe angreifen, daß am Gelenk ein Knickwinkel 1 entsteht, so ist die dadurch entstandene Biegelinie die EL des Biegemomentes.

Allerdings werden zweckmäßigerweise nicht die Formänderungen 1, sondern die freigemachten Unbekannten selbst mit der Größe $X = 1$ zur Wirkung gebracht, so daß Einflußlinien nach den gleichen Methoden bestimmt werden können, nach denen die überzähligen Größen in einem statisch unbestimmten Tragwerk ermittelt werden (vgl. Teil 3 Seite 12).

6.2. Ermittlung mit Hilfe von Tabellen

Für einseitig und beidseitig eingespannte Einfeldträger,
für Zweifeldträger mit $l_2 = i \cdot l_1$,
für Dreifeldträger mit $l_1 = l_3$ und $l_2 = i \cdot l_1$,
für Vierfeldträger mit $l_1 = l_4$ und $l_2 = l_3 = i \cdot l_1$ sowie
für Durchlaufträger mit beliebig vielen Feldern gleicher Stützweite
bei konstanten oder feldweise unterschiedlichen Trägheitsmomenten können die Ordinaten aller Einflußlinien vorteilhaft und schnell aus Tabellenwerken, z. B. Seite 125 [6], entnommen werden. Sie sind dort für alle Zehntelpunkte zwischen den Stützen aufgeführt; außerdem sind bei den Momenten noch Ort und Größe der maximalen Ordinate und ferner die Inhalte der Einflußflächen angegeben (vgl. Beispiele 46, 47, 50).

6.3. Ermittlung mittels der Dreimomentengleichung

Für Durchlaufträger über zwei Felder mit und ohne Kragarme sowie für einseitig und beidseitig eingespannte Einfeldträger wird z u e r s t die EL für das als überzählige Größe gewählte Stützen- oder Einspannmoment p u n k t w e i s e bestimmt. Dabei wird die rollende Last $P = 1$ nacheinander in verschiedenen Punkten der Fahrbahn, z. B. den Fünftel- oder besser den Zehntelpunkten der Felder aufgestellt, das dadurch jeweils entstehende Moment mit Hilfe der Dreimomentengleichungen (1,1 bis 1,5 bzw. 2,12 und 2,13/Teil 3) tabellarisch berechnet und sodann als EL-Ordinate η unter der zugehörigen Laststellung vorzeichengerecht aufgetragen. Alle übrigen EL der Lagerkräfte, Querkräfte oder Feldmomente können anschließend mit Hilfe der Schnittkraftgleichungen (1,6 bis 1,9/Teil 3) ebenfalls punktweise ermittelt werden. (Vgl. Beispiele 34 bis 38).

6.4. Ermittlung mittels des Festpunkteverfahrens

Die punktweise Berechnung der Stützenmomente erfordert schon bei Durchlaufträgern mit mehr als zwei Feldern einen erheblichen Arbeitsaufwand, so daß dann die z e i c h n e r i s c h e Ermittlung mittels des Festpunkteverfahrens, das auch bei feldweise unterschiedlichen und beliebig veränderlichen Trägheitsmomenten anwendbar ist, zweckmäßig werden kann. Die Lösung ist in den Beispielen 34 und 39 durchgeführt und erläutert.

6.5. Ermittlung mittels des Kraftgrößenverfahrens

6.5.1. Für einfach statisch unbestimmte Tragwerke

Für ein einfach statisch unbestimmtes System lautet die Elastizitätsgleichung für statische Unbekannte nach Gl. (5,28 a/Teil 3)

$$X_1 = - \delta_{10}/\delta_{11}$$

wobei δ_{10} die Verschiebung oder Verdrehung des Angriffspunktes 1 der Unbekannten X_1 am statisch bestimmten Grundsystem (GS) infolge der gegebenen r u h e n d e n Belastung bedeutet. Bei einer rollenden Last P mit beliebigen Laststellungen i wird diese Formänderung veränderlich und falls $P = 1$ ist, zur Einflußlinie δ_{1i} der Formänderung am Ort 1. Nach dem Satz von Maxwell (vgl. Zi. 2.2.) ist diese Einflußlinie aber nichts anderes als die Biegelinie δ_{i1} des GS für $X_1 = 1$. Da die Formänderung δ_{11} von der rollenden Last unabhängig und damit konstant bleibt, ergibt es sich, daß die Einflußlinie für die statische Unbekannte X_1 die mit $-1/\delta_{11}$ multiplizierte Biegelinie δ_{i1} ist; also

$$X_1 = - \delta_{i1}/\delta_{11} \tag{13}$$

Bei Tragwerken mit konstanten oder feldweise unterschiedlichen Trägheitsmomenten werden diese Biegelinien zweckmäßig mittels der ω-Zahlen nach Zi. 2.2.1. (vgl. Beispiel 11, 41) und bei Tragwerken mit beliebig veränderlichen Trägheitsmomenten mittels der elastischen oder Winkelgewichte (vgl. Beispiel 44) berechnet. Ist die Einflußlinie für X_1 ermittelt, können alle übrigen benötigten EL durch Überlagerung mit der Superpositionsgleichung

$$S_x = S_{x0} + X_1 \cdot S_{x1} \tag{14}$$

bestimmt werden. Im Gegensatz zu Gl. (5,29 a/Teil 3) bedeuten jetzt

S_x die EL für eine beliebige statische Größe an der Stelle x im unbestimmten System,
S_{x0} die EL für dieselbe statische Größe an der Stelle x im GS,
X_1 die EL für die statische Unbekannte,
S_{x1} die betreffende statische Größe an der Stelle x im GS infolge $X_1 = 1$ und daher konstant.
Vgl. Beispiel 41.

6.5.2. Für mehrfach statisch unbestimmte Tragwerke

Für mehrfach, z. B. dreifach statisch unbestimmte Systeme lauten die Gleichungen zur Bestimmung der EL für die Unbekannte X analog zu Gl. (6,30/Teil 3)

$$X_1 \cdot \delta_{11} + X_2 \cdot \delta_{12} + X_3 \cdot \delta_{13} = - \delta_{1i} = - \delta_{i1}$$

$$X_1 \cdot \delta_{21} + X_2 \cdot \delta_{22} + X_3 \cdot \delta_{23} = - \delta_{2i} = - \delta_{i2}$$

$$X_1 \cdot \delta_{31} + X_2 \cdot \delta_{32} + X_3 \cdot \delta_{33} = - \delta_{3i} = - \delta_{i3}$$

Da die rechten Seiten dieser Gleichungen und damit auch die Unbekannten X von der jeweiligen Laststellung abhängig sind, ergeben sich die EL der Unbekannten durch Auflösen dieser Gleichungen in der Form

$$X_1 = -\beta_{11}\cdot\delta_{i1} - \beta_{21}\cdot\delta_{i2} - \beta_{31}\cdot\delta_{i3}$$

$$X_2 = -\beta_{12}\cdot\delta_{i1} - \beta_{22}\cdot\delta_{i2} - \beta_{32}\cdot\delta_{i3}$$

$$X_3 = -\beta_{13}\cdot\delta_{i1} - \beta_{23}\cdot\delta_{i2} - \beta_{33}\cdot\delta_{i3}$$

worin die mit β bezeichneten Vorzahlen als Determinantenquotienten nur von δ_{11}, $\delta_{12}, \ldots, \delta_{33}$ abhängig und daher konstant sind. Die EL der Unbekannten sind damit Überlagerungen der mit den zugehörigen β-Zahlen multiplizierten Biegelinien des GS infolge $X_1 = 1$, $X_2 = 1$ und $X_3 = 1$.

6.5.3. Mit Verwendung eines statisch unbestimmten Hauptsystems

Ein $(n - 1)$-fach unbestimmtes Hauptsystem (HS) entsteht, wenn aus dem gegebenen n-fach unbestimmten Tragwerk ein Tragwerksglied entfernt bzw. ein Gelenk eingeschaltet wird. Die Unbekannte X_1 läßt sich aus Gl. (6,32/Teil 3) berechnen; für ihre Einflußlinie gilt analog zu Zi. 6.5.1.

$$X_1 = -\delta_{i1}^{(n-1)}/\delta_{11}^{(n-1)} \tag{15}$$

d.h., die EL „X_1" ist die mit $-1/\delta_{11}^{(n-1)}$ verzerrte Biegelinie des HS infolge $X_1 = 1$. Zur Bestimmung der EL „M_x" wird an der Stelle x ein Gelenk eingeschaltet (Bild 74a) und an dem dadurch entstandenen HS ein Doppelmoment von der Größe $X_1 = 1$ angebracht, wodurch eine Biegelinie mit dem Knickwinkel $-\delta_{11}^{(n-1)}$ entsteht. Greift aber an der Stelle x die Unbekannte X_1 mit der negativen Größe $-1/\delta_{11}^{(n-1)}$ an, hat die Biegelinie des HS jetzt den Knickwinkel 1 und ist somit nach Zi. 6.1. mit der Einflußlinie für $X_1 = M_x$ am gegebenen n-fach unbestimmten System identisch (Bild 74b).

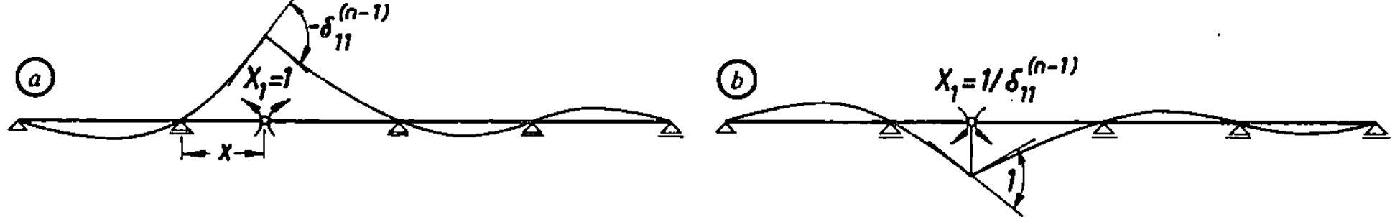

Bild 74a. Biegelinie infolge $X_1 = 1$.   Bild 74b. Einflußlinie für $X_1 = M_x$.

Wenn durch Entfernen eines Tragwerksgliedes ein HS gebildet werden kann, für das bereits Tabellenwerte nach Zi. 6.2 vorliegen, ist die Anwendung dieses Verfahrens besonders günstig (vgl. Beispiel 47).

6.6. Ermittlung mit Hilfe des Iterationsverfahren nach Kani

Auch hier wird wie bei Zi. 6.5.3. an dem Ort x, an dem eine Momenteneinflußlinie gesucht wird, ein Gelenk eingeschaltet und dort an dem so entstandenen $(n - 1)$-fach unbestimmten Hauptsystem ein negatives Doppelmoment angebracht, das aber jetzt eine solche für das Verfahren zweckmäßige Größe hat, daß ein Knickwinkel von $1/(2\,E)$ entsteht (Bild 75). Die dadurch verursachte Biegelinie des HS ist dann nach Multiplikation mit $2\,E$ entsprechend Zi. 6.1. die gesuchte EL „M_x" des n-fach unbestimmten Systems.

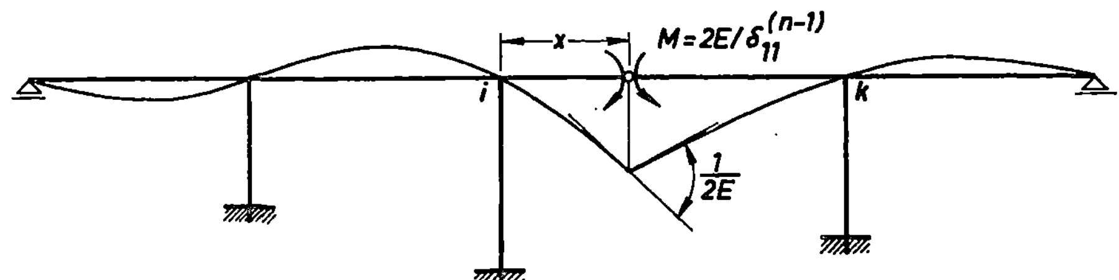

Bild 75. Biegelinie des HS mit dem Knickwinkel $1/(2\,E)$.

Folgende Schritte sind erforderlich. Zuerst wird das Schnittfeld ik an seinen beiden Stabenden abgetrennt gedacht und an der Schnittstelle x geknickt, bis die geradlinigen Teilstrecken x und x' den Knickwinkel $1/(2\,E)$ einschließen (Bild 76a). Daraufhin wird die Schnittstelle wieder biegesteif ausgebildet und Volleinspannmomente M_{ik}^{*} und M_{ki}^{*} angebracht, welche die bei der Knickerteilung eingetretene Verdrehung der Stabenden wieder rückgängig machen (Bild 76b). Ihre Größen ergeben sich mit der Stabsteifigkeit $K = I/l$ und Vorzeichen nach Kani aus

$$M_{ik}^{*} = - K \cdot (3 \cdot x'/l - 1) \qquad M_{ki}^{*} = + K \cdot (3 \cdot x/l - 1) \tag{16}$$

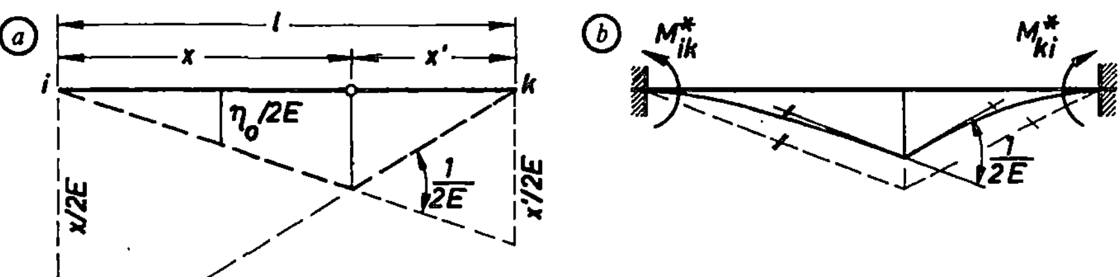

Bild 76. Biegelinien des Schnittfeldes infolge des Knickwinkels $1/(2\,E)$.

An dem nunmehr wieder n-fach unbestimmten System sind nur diese beiden Volleinspannmomente, die daher auch gleichzeitig Festhaltemomente der Knoten i und k sind, wirksam, und hierfür werden jetzt alle Stabendmomente durch Iteration ermittelt. Die durch rollende Lasten beeinflußte Fahrbahn wird sodann nach M o h r mit der $M_{ik}/(EI)$-Fläche belastet (Bild 77) und die Biegelinie mit Hilfe der ω-Zahlen nach Zi. 2.2.1. feldweise bestimmt. Da diese Biegelinie noch mit $2\,E$ multipliziert werden muß, ergeben sich die Ordinatenanteile der EL „M_x" bei Vorzeichen nach Biegesinn aus

$$\eta_1 = M_{ik} \cdot l \cdot \omega_D'/(3\,K) = Z_i \cdot \omega_D'$$
$$\eta_2 = M_{ki} \cdot l \cdot \omega_D/(3\,K) = Z_k \cdot \omega_D \tag{17}$$

78

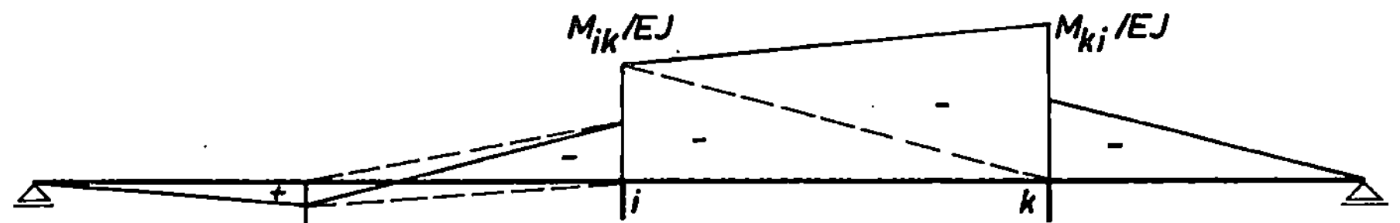

Bild 77. Belastungsfläche mit Vorzeichen nach Biegesinn.

wobei n u r i m Schnittfeld als weiterer Anteil noch die 2 E-fachen Ordinaten infolge des Knickwinkels $1/(2\,E)$ nach Bild 76a, die mit den Ordinaten η_0 der EL „M_{x0}" übereinstimmen, hinzukommen. Bei diesem Verfahren ist es vorteilhaft, zuerst die EL der Stützenmomente als Unbekannte zu berechnen, wobei die Ordinatenanteile η_0 entfallen und sich die Gl. (16) für die Volleinspannmomente bei $x = 0$ und $x' = l$ zu $M_{ik}^{*} = -2K$ und $M_{ki}^{*} = -K$ bzw. bei $x = l$ und $x' = 0$ zu $M_{ik}^{*} = +K$ und $M_{ki}^{*} = +2K$ vereinfachen (vgl. Beispiel 48). Die EL aller Feldmomente sowie der Quer- und Lagerkräfte können dann mit der Superpositionsgleichung (14) ermittelt werden.

6.7. Statisch unbestimmte Fachwerke

Die EL von statisch unbestimmten Fachwerken werden nach den unter Zi 6.5 aufgeführten Methoden ermittelt, wobei auch hier zuerst die EL der statischen Überzähligen und sodann alle übrigen EL mittels der Superpositionsgleichung (14) zu bestimmen sind. Die Ermittlung der Biegelinien des Fachwerks infolge der Unbekannten $X_1 = 1$, $X_2 = 1, \ldots$ erfolgt entweder mit W-Gewichten oder unter Verwendung der Arbeits-Gleichung (7,34/Teil 3). Diese Lösung ist in Beispiel 49 erläutert.

6.8. Auswertung der EL

Die Auswertung wird wie bei statisch bestimmten Tragwerken nach Zi. 1.5.2. durchgeführt. Für gleichmäßig verteilte Belastungen über ein g a n z e s Feld eines biegesteifen Tragwerks kann bei Verwendung von Tabellen nach Zi. 6.2. der Inhalt der EL-Flächen dort ebenfalls entnommen werden (vgl. Beispiel 46) und bei Bestimmung mit Hilfe der ω-Zahlen nach Zi. 2.2.1. ist $\int\limits_0^l \omega_D \cdot \mathrm{d}x = l/4$, also bei Anwendung der Gl. (17) ist

$$A = Z \cdot l/4 \tag{18}$$

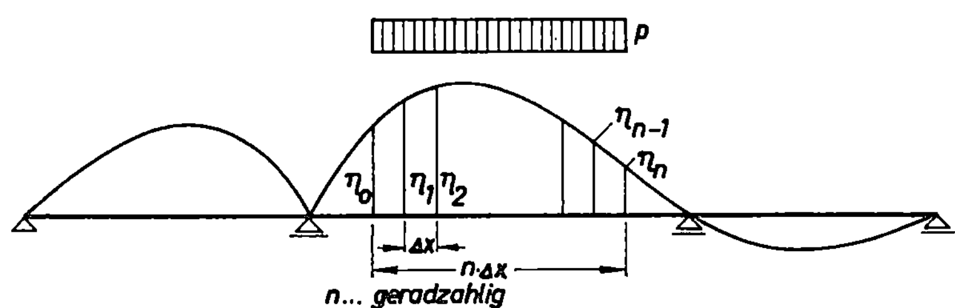

Bild 78. Numerische Integration nach Simpson.

Für gleichmäßig verteilte Belastungen über einen Teil des Feldes wird der Flächeninhalt zweckmäßig durch numerische Integration mittels der Formel von S i m p s o n berechnet.

$$A = \Delta x/3 \cdot (\eta_0 + 4\eta_1 + 2\eta_2 + 4\eta_3 + \ldots + 2\eta_{n-2} + 4\eta_{n-1} + \eta_n) \tag{19}$$

Beispiel $\boxed{34}$

Für den einseitig eingespannten Träger mit Kragarm sind folgende Einflußlinien p u n k t -
w e i s e zu ermitteln:

1. Rechnerisch die EL für M_A, A, B, Q_4 und M_4.
2. Zeichnerisch die EL für M_A, M_4 und Q_4.

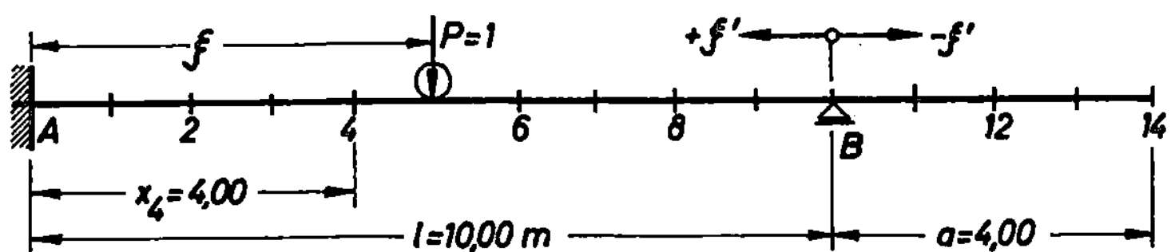

Bild 79. Eingespannter Einfeldträger mit Kragarm.

1. Rechnerische Lösung

In dem gegebenen einfach statisch unbestimmten System wird als überzählige Größe das
Einspannmoment M_A gewählt und daher zuerst diese EL punktweise ermittelt. Hierbei
wird die rollende Last $P = 1$ nacheinander in den Fünftelpunkten des Feldes sowie am
Kragarmende aufgestellt, jedesmal M_A mittels der Dreimomentengleichung tabellarisch
berechnet, als Einflußordinate unter der zugehörigen Laststellung aufgetragen und die
Verbindungslinie aller Ordinatenendpunkte gezogen (Bild 80a).

Gl. (1,4 b/Teil 3): $\quad M_A = -\mathfrak{L}/2 - M_K/2 \quad (M_K \triangleq \text{Kragarmmoment})$

Gl. (1,3 a/Teil 3): $\quad \mathfrak{L} = P \cdot a \cdot b \cdot (l + b)/l^2 = 1 \cdot \xi \cdot \xi' \cdot (l + \xi')/l^2 \quad$ (vgl. Zi. 2.2.1.)

$$M_A = -\frac{1}{2} \cdot \frac{\xi \cdot \xi'}{l} \cdot \frac{l + \xi'}{l} - \frac{M_K}{2}$$

1	2	3	4	5	6	7	8	9
i	ξ_i	ξ'_i	$\xi \cdot \xi'/l$	$(l + \xi')/l$	$\mathfrak{L}$	$-\mathfrak{L})2$	$-M_K/2$	M_A
0	0	10,0	0	2,00	0	0	0	0
2	2,0	8,0	1,60	1,80	2,88	−1,44	0	−1,44
4	4,0	6,0	2,40	1,60	3,84	−1,92	0	−1,92
6	6,0	4,0	2,40	1,40	3,36	−1,68	0	−1,68
8	8,0	2,0	1,60	1,20	1,92	−0,96	0	−0,96
10	10,0	0	0	1,00	0	0	0	0
14	−	−	−	−	0	0	+2,0	+2,0

Mittels der Schnittkraftgleichungen (1,6 bis 1,8/Teil 3) können nunmehr alle anderen EL
ebenfalls tabellarisch berechnet werden. Vgl. Formelsammlung Seite 123.

i	M_A/l	A_0	$A = A_0 - M_A/l$	B_0	$B = B_0 + M_A/l$	Q_{40}	$Q_4 = Q_{40} - M_A/l$
0	0	$+1{,}000$	$+1{,}000$	0	0	0	0
2	$-0{,}144$	$+0{,}800$	$+0{,}944$	$+0{,}200$	$+0{,}056$	$-0{,}200$	$-0{,}056$
$4\,l$	$-0{,}192$	$+0{,}600$	$+0{,}792$	$+0{,}400$	$+0{,}208$	$-0{,}400$	$-0{,}208$
$4\,r$						$+0{,}600$	$+0{,}792$
6	$-0{,}168$	$+0{,}400$	$+0{,}568$	$+0{,}600$	$+0{,}432$	$+0{,}400$	$+0{,}568$
8	$-0{,}096$	$+0{,}200$	$+0{,}296$	$+0{,}800$	$+0{,}704$	$+0{,}200$	$+0{,}296$
10	0	0	0	$+1{,}000$	$+1{,}000$	0	0
14	$+0{,}200$	$-0{,}400$	$-0{,}600$	$+1{,}400$	$+1{,}600$	$-0{,}400$	$-0{,}600$

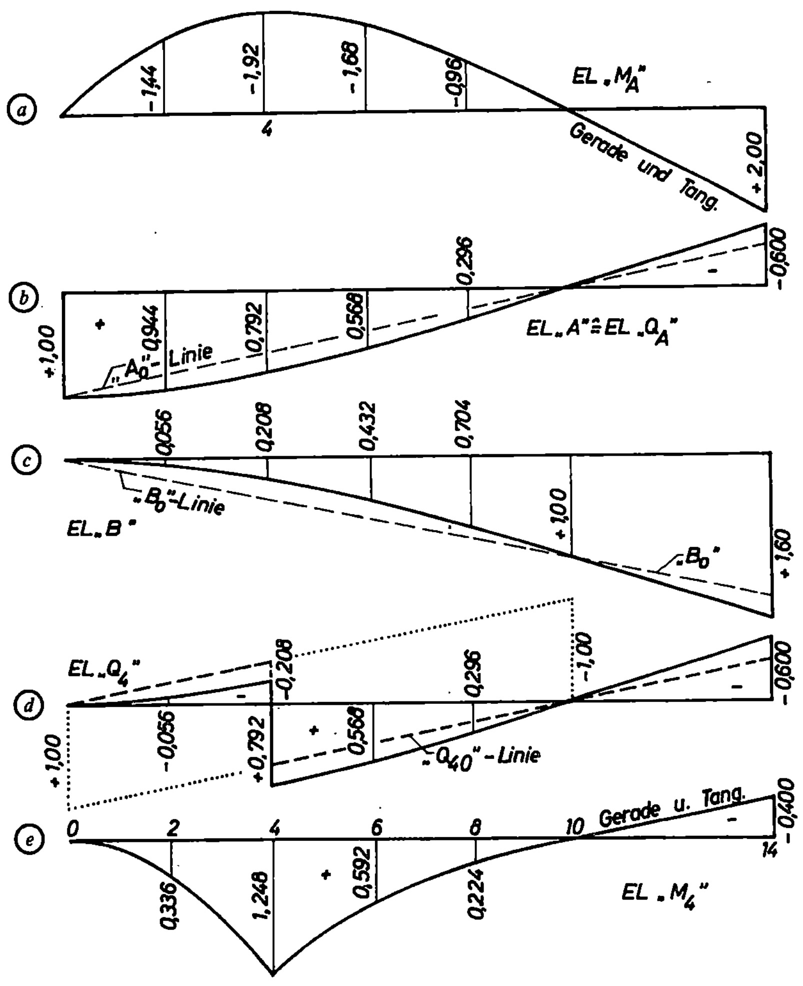

Bild 80. Einflußlinien für das einfach unbestimmte System.

i	Gl. (5a): $M_{40} = x' \cdot \xi/l$ bzw. $x \cdot \xi'/l$	$M_A \cdot (l - x)/l = 0{,}60 \cdot M_A$	$M_4 = M_{40} + 0{,}60 \cdot M_A$
0	$6 \cdot 0/10 = \quad 0$	0	0
2	$6 \cdot 2/10 = +1{,}20$	$-0{,}864$	$+0{,}336$
4	$4 \cdot 6/10 = +2{,}40$	$-1{,}152$	$+1{,}248$
6	$4 \cdot 4/10 = +1{,}60$	$-1{,}008$	$+0{,}592$
8	$4 \cdot 2/10 = +0{,}80$	$-0{,}576$	$+0{,}224$
10	$4 \cdot 0/10 = \quad 0$	0	0
14	$4 \cdot (-4)/10 = -1{,}60$	$+1{,}200$	$-0{,}400$

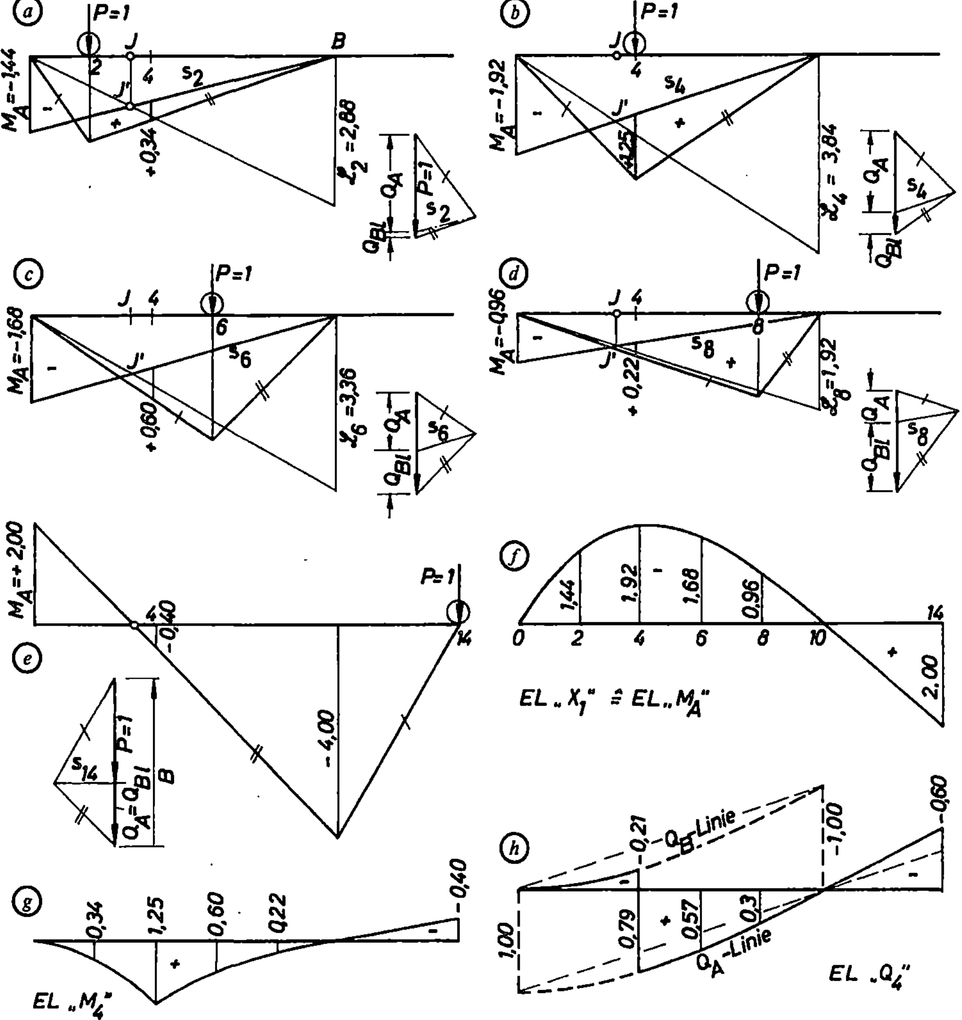

Bild 81. Zeichnerische Bestimmung von Einflußlinien.

2. Zeichnerische Lösung

Einflußlinien von Durchlaufträgern werden zeichnerisch mittels des F e s t p u n k t e v e r - f a h r e n s (vgl. Teil 3, Kapitel 4) bestimmt, wobei die Festpunktsabstände auch berechnet werden können. Hier ist $i_1 = l/3 = 3,33$ m und $k_1 = 0$.

Für die einzelnen Stellungen $P = 1$ in den Fünftelpunkten des Feldes mit den Werten $M_{20} = M_{80} = 1,60$ m und $M_{40} = M_{60} = 2,40$ m (Spalte 4 der ersten Tabelle) werden die Zustandslinien der Momente und außerdem auf dem Stützenlot B die zugehörigen, bereits in Spalte 6 berechneten Belastungsglieder $\mathfrak{L}$ als rechte Kreuzlinienabschnitte aufgetragen. (Es ist natürlich möglich, die M_0-Zustandslinie sowie die Kreuzlinienabschnitte ebenfalls zeichnerisch zu ermitteln.) Durch Herunterloten des Festpunktes J auf die Kreuzlinien ergeben sich die Punkte J' und durch deren Verbindung mit dem Lager B die Schlußlinien s. Diese schneiden auf dem Stützenlot A die gesuchten Stützenmomente M_A sowie auf dem Lot durch die Schnittstelle 4 die Feldmomente M_4 infolge der einzelnen Laststellungen ab (Bild 81 a–d). Für die Laststellung $P = 1$ am Kragarmende ist die Konstruktion in Bild 81 e durchgeführt. Sodann werden diese fünf Werte für M_A und für M_4 als Einflußordinaten jeweils unter den betreffenden Lastangriffsorten aufgetragen, wodurch sich die in Bild 81 f, g dargestellten EL „M_A" und EL „M_4" ergeben.

Nunmehr kann auch die EL für Q_4 zeichnerisch bestimmt werden, indem jede M_0-Zustandslinie mit konstruierter Schlußlinie s als Seileck betrachtet und für die Last $P = 1$ das zugehörige Krafteck, in dem die Polstrahlen parallel zu den M_0-Linien verlaufen, gezeichnet wird. Dadurch werden für die fünf Laststellungen die entsprechenden Q_A- und Q_{Bl}-Werte gefunden, die als Einflußordinaten unter den betreffenden Angriffsorten aufgetragen, die gesuchte EL „Q_4" ergeben (Bild 81 h).

Beispiel 35

Für das Tragwerk des vorigen Beispiels sind die Einflußordinaten für die restlichen Zehntelpunkte zu berechnen.

Ergebnisse:

i	M_A	M_4	A	B	Q_4
1	$-0,855$	$+0,087$	$+0,986$	$+0,014$	$-0,014$
3	$-1,785$	$+0,729$	$+0,878$	$+0,122$	$-0,122$
5	$-1,875$	$+0,875$	$+0,688$	$+0,312$	$+0,688$
7	$-1,365$	$+0,381$	$+0,436$	$+0,564$	$+0,436$
9	$-0,495$	$+0,103$	$+0,150$	$+0,850$	$+0,150$

Beispiel 36

Für das Tragwerk des Beispiels 34 sind die Grenzwerte von Q_7 und M_7 bei $x = 7,00$ m für zwei gleich große Kranlasten $P = 5,0$ kN bei einem Abstand von $c = 2,50$ m zu berechnen.

Ergebnisse:

Kragarmbelastung: $\max Q_{7p} = -4{,}12\ \text{kN}, \quad \max M_{7p} = -15{,}12\ \text{kN m}$

Feldbelastung: $\min Q_{7p} = +2{,}53\ \text{kN}, \quad \min M_{7p} = +12{,}30\ \text{kN m}$

Beispiel $\boxed{37}$

Für den beiderseits eingespannten Träger mit $l = 10{,}00$ m Stützweite und konstantem Trägheitsmoment sind die EL der Einspannmomente sowie die EL für M_2 und Q_7 p u n k t w e i s e zu berechnen.

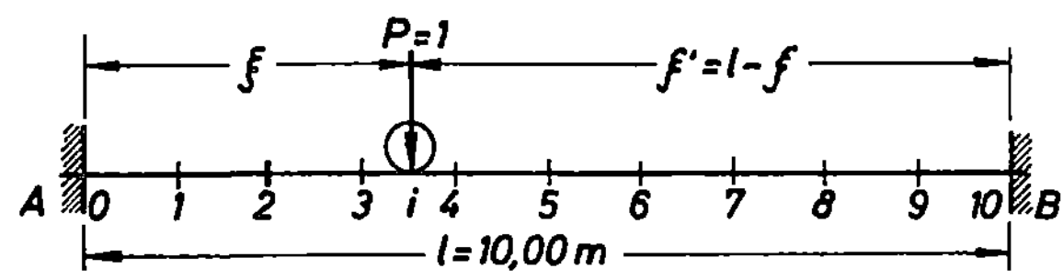

Bild 82. Beiderseits eingespannter Träger.

Die Dreimomentengleichung für das Einspannmoment beiderseits eingespannter Träger lautet

Gl. (1,5 a/Teil 3): $M_A = -(2 \cdot \mathfrak{L} - \mathfrak{R})/3$

Werden nun in die für die Belastungsglieder $\mathfrak{L}$ und $\mathfrak{R}$ gültigen Gleichungen (1,3 a/Teil 3) anstelle von a und b die mit der rollenden Last $P = 1$ veränderlichen Abstände ξ und $\xi' = l - \xi$ eingesetzt, ergibt sich

$$M_A = -\frac{1}{3} \cdot \left[2 \cdot \frac{1 \cdot \xi \cdot (l - \xi)}{l^2} \cdot (l + l - \xi) - \frac{1 \cdot \xi \cdot (l - \xi)}{l^2} \cdot (l + \xi) \right] = -\frac{\xi \cdot (l - \xi)^2}{l^2}$$

Danach werden für alle Laststellungen $P = 1$ in den Zehntelpunkten die Momente tabellarisch berechnet und als Einflußordinaten unter den zugehörigen Angriffsorten aufgetragen; die EL „M_B" verläuft spiegelbildlich (Bild 83 a).

i	ξ	$l - \xi$	$(l - \xi)^2/l^2$	$M_A = -\xi \cdot (l - \xi)^2/l^2$	
0	0	10,0	1,00	0	
1	1,0	9,0	0,81	$-0{,}81$	
2	2,0	8,0	0,64	$-1{,}28$	
3	3,0	7,0	0,49	$-1{,}47$	
4	4,0	6,0	0,36	$-1{,}44$	vgl. ω_E in Bsp. 47
5	5,0	5,0	0,25	$-1{,}25$	
6	6,0	4,0	0,16	$-0{,}96$	
7	7,0	3,0	0,09	$-0{,}63$	
8	8,0	2,0	0,04	$-0{,}32$	
9	9,0	1,0	0,01	$-0{,}09$	
10	10,0	0	0	0	

84

Die Ordinaten der EL für M_2 und Q_7 lassen sich mit Hilfe der Gleichungen

(1,8/Teil 3): $M_2 = M_{20} + x_2 \cdot M_B/l + (l - x_2) \cdot M_A/l = M_{20} + 0{,}20 \cdot M_B + 0{,}80 \cdot M_A$

(1,7a/Teil 3): $Q_7 = Q_{70} + (M_B - M_A)/l$

ebenfalls für dieselben Laststellungen tabellarisch berechnen.

i	M_B	M_A	M_{20}	$0{,}2 \cdot M_B$	$0{,}8 \cdot M_A$	M_2	Q_{70}	$(M_B - M_A)/l$	Q_7
1	$-0{,}09$	$-0{,}81$	$0{,}80$	$-0{,}018$	$-0{,}648$	$+0{,}134$	$-0{,}10$	$+0{,}072$	$-0{,}028$
2	$-0{,}32$	$-1{,}28$	$1{,}60$	$-0{,}064$	$-1{,}024$	$+0{,}512$	$-0{,}20$	$+0{,}096$	$-0{,}104$
3	$-0{,}63$	$-1{,}47$	$1{,}40$	$-0{,}126$	$-1{,}176$	$+0{,}098$	$-0{,}30$	$+0{,}084$	$-0{,}216$
4	$-0{,}96$	$-1{,}44$	$1{,}20$	$-0{,}192$	$-1{,}152$	$-0{,}144$	$-0{,}40$	$+0{,}048$	$-0{,}352$
5	$-1{,}25$	$-1{,}25$	$1{,}00$	$-0{,}250$	$-1{,}000$	$-0{,}250$	$-0{,}50$	0	$-0{,}500$
6	$-1{,}44$	$-0{,}96$	$0{,}80$	$-0{,}288$	$-0{,}768$	$-0{,}256$	$-0{,}60$	$-0{,}048$	$-0{,}648$
$7l$	$-1{,}47$	$-0{,}63$	$0{,}60$	$-0{,}294$	$-0{,}504$	$-0{,}198$	$-0{,}70$	$-0{,}084$	$-0{,}784$
$7r$							$+0{,}30$		$+0{,}216$
8	$-1{,}28$	$-0{,}32$	$0{,}40$	$-0{,}256$	$-0{,}256$	$-0{,}112$	$+0{,}20$	$-0{,}096$	$+0{,}104$
9	$-0{,}81$	$-0{,}09$	$0{,}20$	$-0{,}162$	$-0{,}072$	$-0{,}034$	$+0{,}10$	$-0{,}072$	$+0{,}028$

Die EL „M_2" (Bild 83 b) verläuft an den beiden Einspannstellen tangential und wechselt das Vorzeichen, da die Schnittstelle 2 bei $x_2 = 2{,}0$ m $< l/3$ zwischen der Einspannung und dem linken Festpunkt J liegt. Für Schnitte zwischen den beiden Festpunkten, also $x = l/3$ bis $x = 2 \cdot l/3$, bleiben alle Einflußordinaten für Biegemomente positiv.

Infolge der beiderseitigen Einspannung weicht die EL „Q_7" (Bild 83 c) sowohl in ihrem negativen als auch positiven Bereich nach entgegengesetzten Richtungen (S-förmig) von der Q_0-Linie ab, während bei einseitiger Einspannung die Abweichung nur nach einer Seite erfolgt (vgl. Bild 80 d).

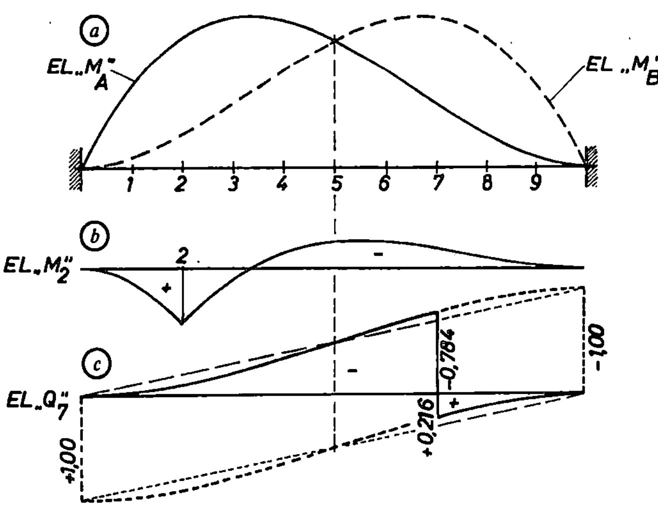

Bild 83. Einflußlinien eines beiderseits eingespannten Trägers.

Beispiel 38

Für das vorige Tragwerk sind die EL für die Lagerkraft A und für das Biegemoment im linken Festpunkt J zu berechnen.

Ergebnisse:

$i = 0$	1	2	3	$l/3$	4	5	6	7	8	9	10
für A: $\eta = 1{,}0$	0,972	0,896	0,784	—	0,648	0,500	0,352	0,216	0,104	0,028	0
für M: $\eta = 0$	0,097	0,372	0,810	0,987	0,720	0,416	0,213	0,090	0,027	0,003	0

Beispiel $\boxed{39}$

Für den Durchlaufträger nach Bild 84 mit feldweise unterschiedlichem Trägheitsmoment sind die EL für M_I, M_B und M_{II} (die Schnittstelle II soll im Festpunkt K_2 liegen) sowie die EL für Q_I, Q_{II} und B z e i c h n e r i s c h zu ermitteln.
Vergleiche Teil 3, Beispiele 32, 50 und 51.

1. Allgemeines

Die zeichnerische Bestimmung von Einflußlinien erfolgt genau wie im Beispiel 34 nach dem Festpunkteverfahren, wobei die Werte für die Festpunktsabstände des Durchlaufträgers aus Teil 3 Beispiel 51 übernommen werden (vgl. Bild 85 a). Die M_0-Werte und die Belastungsglieder für die Laststellungen $P = 1$ in allen Fünftelpunkten werden nach den Gleichungen

$$M_0 = P \cdot a \cdot b/l \qquad = 1 \cdot \xi \cdot \xi'/l$$

$$\Re = P \cdot a \cdot b \cdot (l + a)/l^2 = 1 \cdot \xi \cdot \xi'/l \cdot (l + \xi)/l = M_0 \cdot (l + \xi)/l$$

$$\mathfrak{L} = P \cdot a \cdot b \cdot (l + b)/l^2 = 1 \cdot \xi \cdot \xi'/l \cdot (l + \xi')/l = M_0 \cdot (l + \xi')/l$$

tabellarisch berechnet; sie können natürlich ebenfalls konstruiert werden.

i	Feld	ξ/l	ξ	ξ'	M_0	$(l + \xi)/l$	$(l + \xi')/l$	$\Re$	$\mathfrak{L}$
2	1	0,2	1,2	4,8	0,96	1,2	1,8	1,152	1,728
4	$l_1 = 6$ m	0,4	2,4	3,6	1,44	1,4	1,6	2,016	2,304
6		0,6	3,6	2,4	1,44	1,6	1,4	2,304	2,016
8		0,8	4,8	1,2	0,96	1,8	1,2	1,728	1,152
12	2	0,2	1,6	6,4	1,28	1,2	1,8	1,536	2,304
14	$l_2 = 8$ m	0,4	3,2	4,8	1,92	1,4	1,6	2,688	3,072
16		0,6	4,8	3,2	1,92	1,6	1,4	3,072	2,688
18		0,8	6,4	1,6	1,28	1,8	1,2	2,304	1,536
22	3	0,2	0,8	3,2	0,64	1,2	1,8		1,152
24	$l_3 = 4$ m	0,4	1,6	2,4	0,96	1,4	1,6		1,536
26		0,6	2,4	1,6	0,96	1,6	1,4		1,344
28		0,8	3,2	0,8	0,64	1,8	1,2		0,768

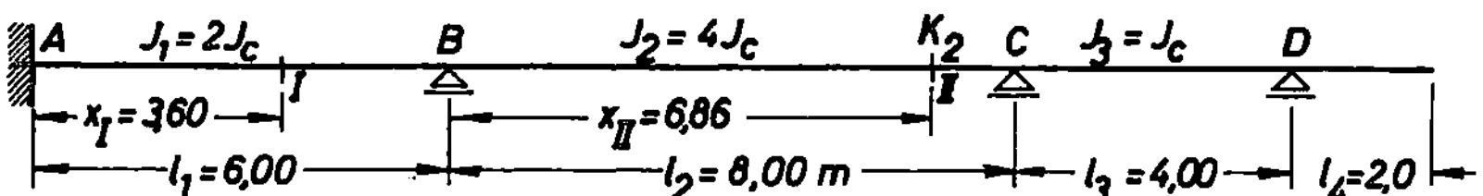

Bild 84. Durchlaufträger mit feldweise unterschiedlichem Trägheitsmoment.

2. EL für M_I, M_B und M_II

In Bild 85b sind die für die Laststellungen $P = 1$ in den Fünftelpunkten 2 und 4 die M_0-Zustandslinien, außerdem die zugehörigen Belastungsglieder $\mathfrak{R}$ auf dem Stützenlot A sowie $\mathfrak{L}$ auf B aufgetragen und dann die Festpunkte J_1 und K_1 auf die vier Kreuzlinien heruntergelotet, wodurch zweimal J_1', K_1' und damit die Schlußlinien s_2, s_4 bestimmt sind. Diese schneiden auf dem Stützenlot B die Größen M_{B2} und M_{B4} sowie auf dem Lot durch die Schnittstelle $\mathrm{I} \triangleq 6$ die Werte M_{I2} und M_{I4} ab. Vom Stützenlot B werden die Schlußlinien durch den Festpunkt K_2 bis C und dann bis $K_3 \triangleq D$ verlängert. Da die Schnittstelle II aber im Festpunkt K_2 liegt, ist für alle Laststellungen im ersten Feld das Moment $M_\mathrm{II} = 0$. Für die Laststellungen $P = 1$ in 6 und 8 ist die gleiche Konstruktion in Bild 85c durchgeführt. Bild 85d, e zeigt die Laststellungen im zweiten Feld in den Orten 12, 14 bzw. 16, 18 während schließlich die Bilder 85f, g den Verlauf für die Stellungen im dritten Feld in den Angriffsorten 22, 24 bzw. 26, 28 und außerdem noch am Kragarmende in e (hier ist das negative Stützenmoment nach oben aufgetragen, $M_{\mathrm{II}e}$ wird positiv!) ergeben, wobei jetzt die Schlußlinien nach links durch J_2 und J_1 bzw. durch J_3, J_2 und J_1 verlaufen. Analog Beispiel 34 werden nunmehr die für die dreizehn verschiedenen Laststellungen ermittelten M_I-Werte unter den zugehörigen Lastangriffspunkten vorzeichengerecht als Einflußordinaten aufgetragen und die Endpunkte miteinander verbunden, wodurch die EL „M_I" bestimmt ist (Bild 86b). Das gleiche gilt für die in Bild 86c, d dargestellten EL „M_B" und EL „M_II". Der Vorteil des Verfahrens ergibt sich aus der Tatsache, daß aus den ermittelten Zustandslinien nunmehr für j e d e b e l i e b i g e Schnittstelle die zugeordneten Einflußordinaten entnommen, also alle gewünschten Einflußlinien gezeichnet werden können.

3. EL für Q_I und Q_II

Jede Momentenlinie bildet das Seileck zu einem Krafteck für die Kraft $P = 1$, dessen Pol durch die zu den M_0-Linien parallelen Seilstrahlen gefunden wird. Die sodann in das Krafteck zu übertragenden Schlußlinien teilen die Kraft $P = 1$ in die jeweiligen Lagerkräfte, wodurch die gesuchten Querkräfte und nach vorzeichengerechtem Auftragen an den zugehörigen Lastangriffsorten die entsprechenden EL bestimmt sind (Kraftecke in Bild 85b–g, EL in Bild 86e, f). Die EL für Q_I und Q_II sind im Schnittfeld jeweils bis zu den Lagern gestrichelt fortgesetzt und lassen erkennen, daß sich die EL für andere Schnittstellen im betreffenden Feld nur durch Verlegen des Sprungs $|1|$ an diesen Punkt ändern, sonst aber unverändert bleiben.

4. EL für B

Aus den einzelnen Kraftecken können B_l und B_r, damit auch $B = B_l + B_r$ entnommen und in den dreizehn Angriffsorten aufgetragen werden. Die EL „B" kann auch durch Überlagerung von EL „$-Q_{Bl}$" mit EL „Q_{Br}", die beide in Bild 86e, f mitenthalten sind, gewonnen werden.

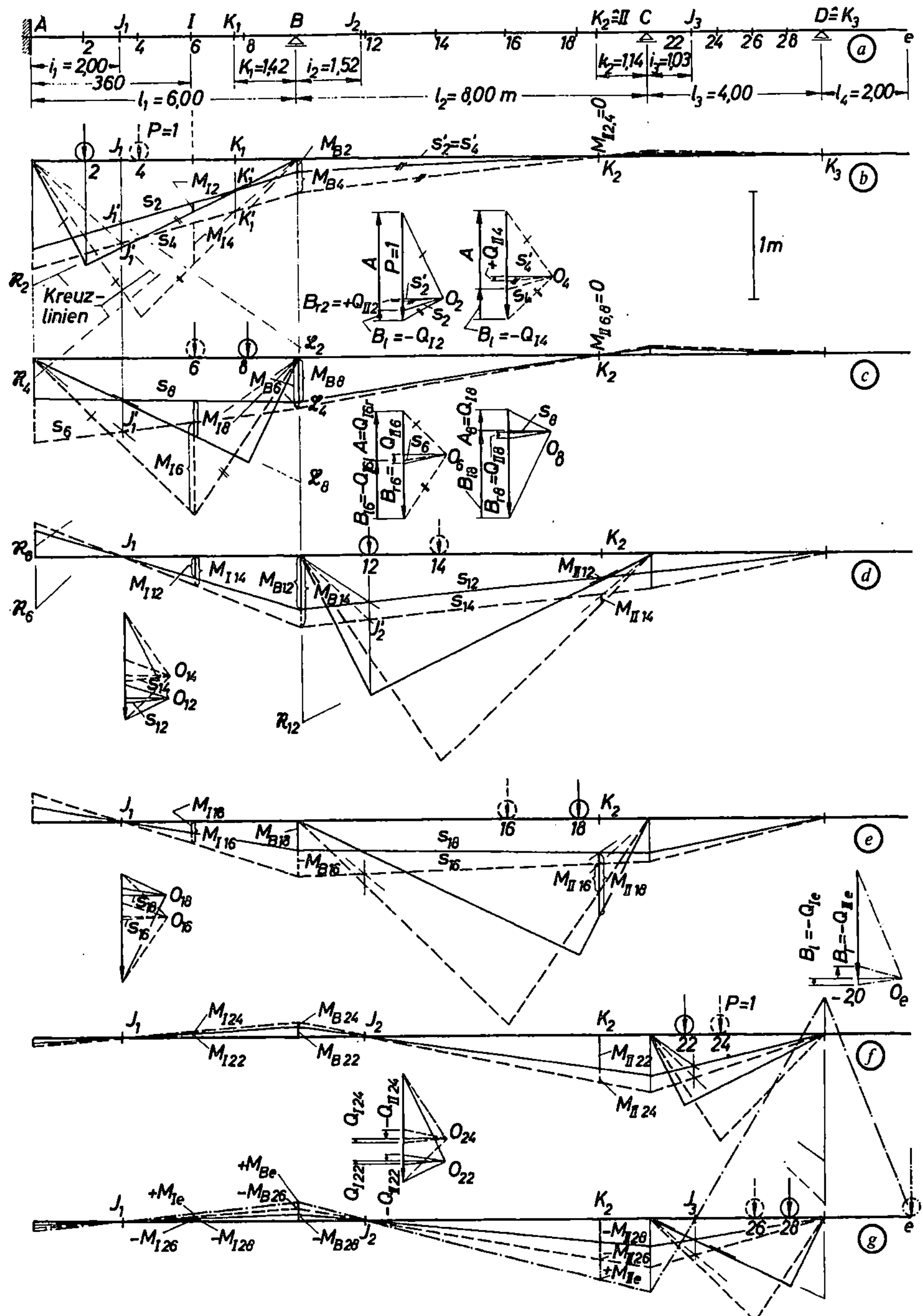

Bild 85. Durchlaufträger mit M-Linien für dreizehn Laststellungen.

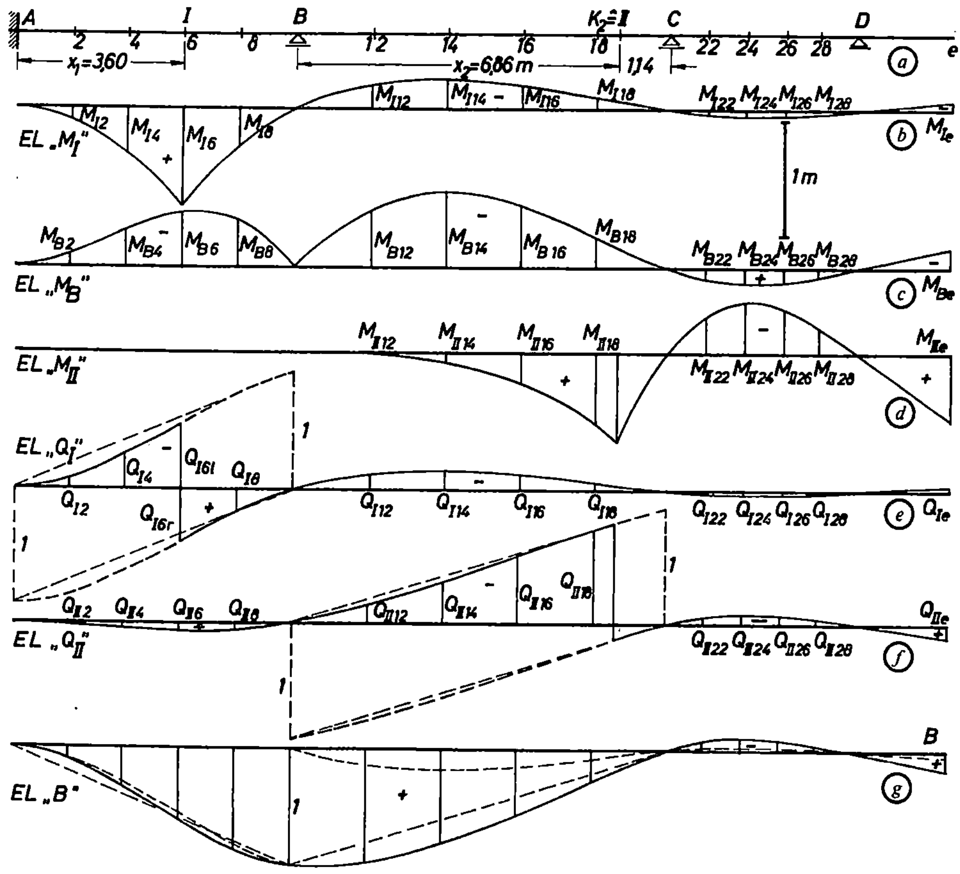

Bild 86. Tragwerk mit Schnittstellen und zugehörige EL.

Beispiel 40

Für den Durchlaufträger nach Bild 84 sind die EL für M_A, M_B und B zeichnerisch zu ermitteln und sodann für die angegebene Belastung (vgl. Teil 3, Beispiel 31 und 51) für jedes Feld gesondert auszuwerten.

Feld 1:   Zwei Einzellasten in den Drittelpunkten mit $P_1 = 4{,}0\ \text{kN}$
Feld 2:   Gleichmäßig verteilte Vollbelastung   mit $p_2 = 2{,}0\ \text{kN/m}$
Feld 3:   Eine Einzellast in Feldmitte   mit $P_3 = 7{,}0\ \text{kN}$
Kragarm: Gleichmäßig verteilte Vollbelastung   mit $p_4 = 1{,}0\ \text{kN/m}$

Lösungshinweis und Ergebnisse:

Das Bild 85 ist zu konstruieren, wobei sich für die 13 Laststellungen nicht nur die M_B-Werte unter B sondern auch diejenigen für M_A unter A ergeben und wodurch sich auch die EL „M_A" auftragen läßt. Die Einflußflächeninhalte über dem Feld 2 sind mit der Gl. (19) von Simpson zu berechnen.

Belastung Feld 1: $M_A = -6{,}8\,\mathrm{kN\,m}$; $M_B = -2{,}9\,\mathrm{kN\,m}$; $B = +3{,}8\,\mathrm{kN}$
Belastung Feld 2: $M_A = +3{,}4\,\mathrm{kN\,m}$; $M_B = -6{,}4\,\mathrm{kN\,m}$; $B = +9{,}4\,\mathrm{kN}$
Belastung Feld 3: $M_A = -0{,}4\,\mathrm{kN\,m}$; $M_B = +0{,}9\,\mathrm{kN\,m}$; $B = -0{,}7\,\mathrm{kN}$
Belastung Kragarm: $M_A = +0{,}1\,\mathrm{kN\,m}$; $M_B = -0{,}2\,\mathrm{kN\,m}$; $B = +0{,}2\,\mathrm{kN}$

Beispiel $\boxed{41}$

Für den zweifeldrigen Durchlaufträger sind die EL für M_B, für M_{14} und Q_5 rechnerisch zu ermitteln, wenn 1. das Trägheitsmoment konstant und 2. das Trägheitsmoment den Stützweiten verhältnisgleich ist.

1. EL „X_1" $\hateq$ EL „M_B"

Für das einfach statisch unbestimmte Tragwerk gilt

Gl. (13): $$X_1 \hateq M_B = -\delta_{i1}/\delta_{11}$$

d.h., die Einflußlinie für die statische Unbekannte M_B ist die Biegelinie des statisch bestimmten Grundsystems infolge $X_1 = 1$ am Ort $1 \hateq B$, multipliziert mit $-1/\delta_{11}$.
Die EI_c-fachen Ordinaten dieser Biegelinie können nach dem S a t z v o n M o h r, wonach die EI_c-fachen Durchbiegungen in den Punkten i gleich den Biegemomenten $\mathfrak{M}_i$ infolge der Belastung mit der $M_1 \cdot I_c/I$-Fläche sind, bestimmt werden, wobei es zweckmäßig ist, hierzu die ω_D-Zahlen nach Zi. 2.2.1. zu verwenden (Tabelle, Spalte 3). Sie lassen sich jedoch auch, wie in Bsp. 43 verlangt, mittels der W-Gewichte (vgl. Teil 3, Bsp. 43) berechnen.
Der EI_c-fache Knickwinkel der Biegelinie am Lager B im GS infolge $X_1 = 1$ ergibt sich durch Anwendung der Arbeitsgleichung (5,26, Teil 3) mit der zugehörigen Auswertungstabelle S. 100/101. Die $\overline{M}$-Fläche infolge der gedachten Belastungseinheit $\overline{X} = \overline{1}$ am Ort B ist hierbei identisch mit der M_1-Fläche nach Bild 87 c.
Für konstantes Trägheitsmoment $I_1 = I_2 = I_c$, also $I_c/I_1 = I_c/I_2$, wird demnach

$$E \cdot I_c \cdot \delta_{11} = \int\limits_A^C M_1^2 \cdot \mathrm{ds} = 1/3 \cdot 1{,}0^2 \cdot (6{,}0 + 9{,}0) = 5{,}0\,\mathrm{m}$$

und die EL „X_1" $\hateq$ EL „M_B" ergibt sich, indem alle durch $-E \cdot I_c \cdot \delta_{11} = -5{,}0\,\mathrm{m}$ dividierten $\mathfrak{M}_i$-Werte (Tabelle, Spalte 5) als Ordinaten in den zugehörigen Punkten i aufgetragen werden (in Bild 88 a vollausgezogen).
Bei f e l d w e i s e u n t e r s c h i e d l i c h e n und den Stützweiten verhältnisgleichen Trägheitsmomenten wird

$$I_2/I_1 = l_2/l_1 = 9{,}0/6{,}0 = 1{,}5$$

oder $I_1 = I_c$, also $I_c/I_1 = 1$ und $I_2 = 1{,}5 \cdot I_1$, also $I_c/I_2 = 1/1{,}5 = 2/3$
Somit im 1. Feld

$$M_1 \cdot I_c/I_1 = 1 \qquad \text{und} \qquad M_1 \cdot I_c/I_1 \cdot l_1^2/6 = 1 \cdot 1 \cdot 6{,}0^2/6 = 6{,}0\,\mathrm{m}^2$$

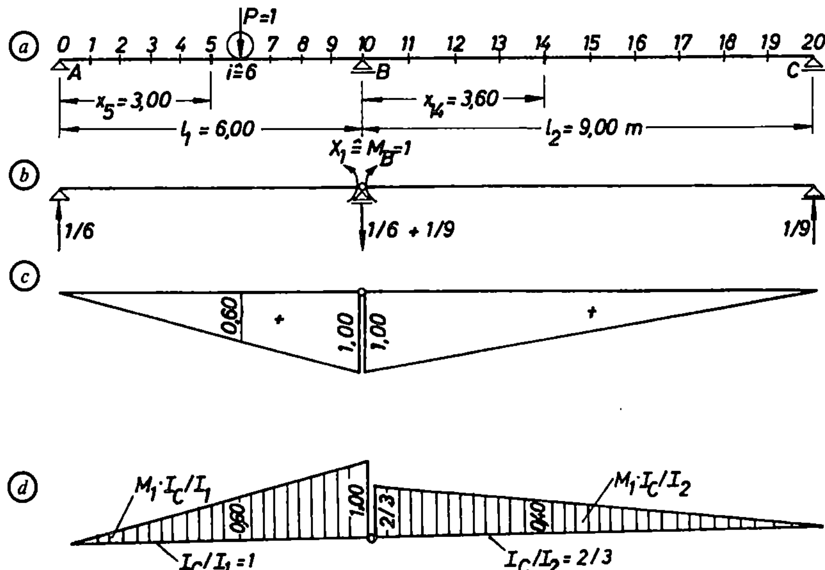

Bild 87. a. Durchlaufträger, b. Grundsystem GS, c. M_1-Fläche infolge $X_1 = 1$,
d. EI_c-fache Belastungsfläche.

unverändert, jedoch im 2. Feld

$$M_1 \cdot I_c/I_2 = 2/3 \quad \text{und} \quad M_1 \cdot I_c/I_2 \cdot l_2^2/6 = 1 \cdot 2/3 \cdot 9{,}0^2/6 = 9{,}0 \text{ m}^2$$

Im 1. Feld bleiben daher alle Werte unverändert, während im 2. Feld $\mathfrak{M}_1 = 9{,}0 \cdot \omega_D$ ist (Tabelle, Spalte 4 rechts).
Mit den elastischen Längen

Gl. (2,11/Teil 3):
$$l_1' = l_1 \cdot I_c/I_1 = l_1 \cdot I_c/I_c = 6{,}0 \text{ m}$$
$$l_2' = l_2 \cdot I_c/I_2 = l_2 \cdot I_c/(1{,}5 \cdot I_c) = 6{,}0 \text{ m}$$

bestimmt sich nun der EI_c-fache Knickwinkel der Biegelinie am Lager B im GS infolge $X_1 = 1$ zu

$$E \cdot I_c \cdot \delta_{11} = \int_A^B M_1^2 \cdot I_c/I_1 \cdot \mathrm{d}s + \int_B^C M_1^2 \cdot I_c/I_2 \cdot \mathrm{d}s$$

$$E \cdot I_c \cdot \delta_{11} = 1/3 \cdot M_1^2 \cdot (l_1' + l_2') = 1/3 \cdot 1{,}0^2 \cdot (6{,}0 + 6{,}0) = 4{,}0 \text{ m}$$

Werden jetzt alle $E \cdot I_c \cdot \delta_{11}$ (Tabelle, Spalte 4 rechts) durch $- E \cdot I_c \cdot \delta_{11} = - 4{,}0$ m dividiert, ergeben sich die Ordinaten der EL „X_1" beider Felder für feldweise unterschiedliches Trägheitsmoment (Tabelle, Spalte 5 rechts).
Diese EL „X_1" ist in Bild 88a gestrichelt dargestellt.

1	2		3	4		5	
i	$M_1 \cdot I_c/I \cdot l^2/6$ m^2		ω_D, ω'_D	$\mathfrak{M}_i = E \cdot I_c \cdot \delta_{i1}$ $= M_1 \cdot I_c/I \cdot l^2/6 \cdot \omega_D$		$X_1 = \dfrac{\mathfrak{M}_i}{-5}$	$X_1 = \dfrac{\mathfrak{M}_i}{-4}$
	I konst.	I versch.		I konst.	I versch.	I konst.	I versch.
0	$1 \cdot 6{,}0^2/6 = 6{,}00$		0	0		0	0
1			0,0990	+ 0,5940		− 0,1188	− 0,1485
2			0,1920	+ 1,1520		− 0,2304	− 0,2880
3			0,2730	+ 1,6380		− 0,3276	− 0,4095
4			0,3360	+ 2,0160		− 0,4032	− 0,5040
5			0,3750	+ 2,2500		− 0,4500	− 0,5625
6			0,3840	+ 2,3040		− 0,4608	− 0,5760
7			0,3570	+ 2,1420		− 0,4284	− 0,5355
8			0,2880	+ 1,7280		− 0,3456	− 0,4320
9			0,1710	+ 1,0260		− 0,2052	− 0,2565
10			0	0		0	0
10	$1 \cdot 9{,}0^2/6 = 13{,}50$	$1 \cdot 2/3 \cdot 9{,}0^2/6 = 9{,}00$	0	0	0	0	0
11			0,1710	+ 2,3085	+ 1,5390	− 0,4617	− 0,3848
12			0,2880	+ 3,8880	+ 2,5920	− 0,7776	− 0,6480
13			0,3570	+ 4,8195	+ 3,2130	− 0,9639	− 0,8033
14			0,3840	+ 5,1840	+ 3,4560	− 1,0368	− 0,8640
15			0,3750	+ 5,0625	+ 3,3750	− 1,0125	− 0,8438
16			0,3360	+ 4,5360	+ 3,0240	− 0,9072	− 0,7560
17			0,2730	+ 3,6855	+ 2,4570	− 0,7371	− 0,6143
18			0,1920	+ 2,5920	+ 1,7280	− 0,5184	− 0,4320
19			0,0990	+ 1,3365	+ 0,8910	− 0,2673	− 0,2228
20			0	0	0	0	0

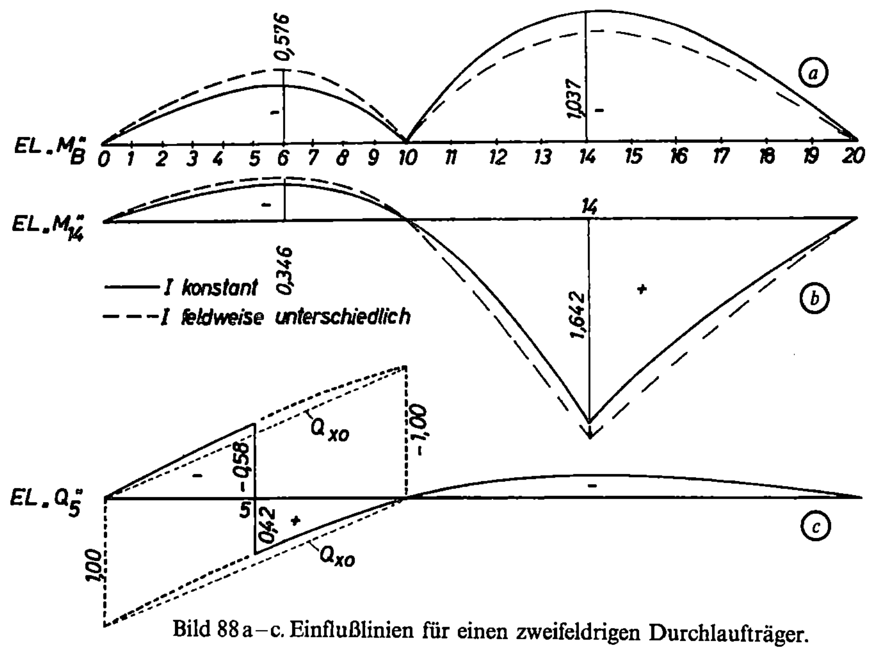

Bild 88 a−c. Einflußlinien für einen zweifeldrigen Durchlaufträger.

2. EL für M_{14} und Q_5

Nach Bestimmung der statisch unbestimmten Größe X_1 können alle anderen EL durch die Superpositionsgleichung Gl. (14)

$$S_x = S_{x0} + X_1 \cdot S_{x1}$$

oder umgewandelt analog zu Gl. (5,29 c/Teil 3)

$$M_x = M_{x0} + X_1 \cdot M_{x1}$$

sowie

$$Q_x = Q_{x0} + X_1 \cdot Q_{x1}$$

ermittelt werden. M_{x0} und Q_{x0} sind die EL des statisch bestimmten GS an den betreffenden Schnittstellen, also bei $x_{14} = 3,60$ m bzw. $x_5 = 3,00$ m, während M_{x1} und Q_{x1} Moment bzw. Querkraft an diesen Schnittstellen infolge $X_1 = 1$, also $M_{x1} = 0,60$ m und $Q_{x1} = +1/6$ bedeuten. Die Durchführung der Rechnung erfolgt wieder tabellarisch.
Die in Bild 88 a, b aufgetragenen EL für das Stützenmoment M_B und das Feldmoment M_{14} sowohl bei konstantem Trägheitsmoment als auch bei feldweise unterschiedlichem, zeigen sehr deutlich die Wirkung einer größeren Biegesteifigkeit. Eine Vergrößerung des Trägheitsmomentes im zweiten Feld bewirkt eine Zunahme der Feldmomente und eine Abnahme des Stützenmomentes; es tritt also eine Momentenverlagerung in das steifere Feld ein.
Ähnlich verhält es sich bei Tragwerken, die innerhalb des Feldes ein veränderliches Trägheitsmoment haben wie bei dem des Beispiels 44. Das größere Trägheitsmoment am Knoten bewirkt dort eine größere Verdrehsteifigkeit, wodurch die Momente am Stützenkopf größer und die Feldmomente kleiner werden, wie aus Bild 94 a, b zu sehen ist.

i	M_{x0}	I konstant		I feldw. versch.		I konstant		
		$X_1 \cdot M_{x1}$ $=0,6 \cdot X_1$	$M_x = M_{14}$	$X_1 \cdot M_{x1}$ $=0,6 \cdot X_1$	$M_x = M_{14}$	Q_{x0}	$X_1 \cdot Q_{x1}$ $=X_1/6$	$Q_x = Q_5$
0		0	0	0	0	0	0	0
1		$-0,0713$	$-0,071$	$-0,0888$	$-0,089$	$-0,10$	$-0,020$	$-0,120$
2		$-0,1382$	$-0,138$	$-0,1728$	$-0,173$	$-0,20$	$-0,038$	$-0,238$
3		$-0,1966$	$-0,197$	$-0,2457$	$-0,246$	$-0,30$	$-0,055$	$-0,355$
4		$-0,2419$	$-0,242$	$-0,3024$	$-0,302$	$-0,40$	$-0,067$	$-0,467$
5 l		$-0,2700$	$-0,270$	$-0,3375$	$-0,338$	$-0,50$	$-0,075$	$-0,575$
5 r						$+0,50$		$+0,425$
6		$-0,2765$	$-0,276$	$-0,3456$	$-0,346$	$+0,40$	$-0,077$	$+0,323$
7		$-0,2570$	$-0,257$	$-0,3213$	$-0,321$	$+0,30$	$-0,071$	$+0,229$
8		$-0,2074$	$-0,207$	$-0,2592$	$-0,259$	$+0,20$	$-0,058$	$+0,142$
9		$-0,1231$	$-0,123$	$-0,1539$	$-0,154$	$+0,10$	$-0,034$	$+0,066$
10		0	0	0	0	0	0	0
11	$+0,540$	$-0,2770$	$+0,263$	$-0,2309$	$+0,309$		$-0,077$	$-0,077$
12	$+1,080$	$-0,4666$	$+0,613$	$-0,3888$	$+0,691$		$-0,130$	$-0,130$
13	$+1,620$	$-0,5783$	$+1,042$	$-0,4820$	$+1,138$		$-0,161$	$-0,161$
14	$+2,160$	$-0,6221$	$+1,538$	$-0,5184$	$+1,642$		$-0,173$	$-0,173$
15	$+1,800$	$-0,6075$	$+1,192$	$-0,5063$	$+1,294$		$-0,169$	$-0,169$
16	$+1,440$	$-0,5443$	$+0,896$	$-0,4536$	$+0,986$		$-0,151$	$-0,151$
17	$+1,080$	$-0,4423$	$+0,638$	$-0,3686$	$+0,711$		$-0,123$	$-0,123$
18	$+0,720$	$-0,3110$	$+0,409$	$-0,2592$	$+0,461$		$-0,086$	$-0,086$
19	$+0,360$	$-0,1604$	$+0,200$	$-0,1337$	$+0,226$		$-0,045$	$-0,045$
20	0	0	0	0	0		0	0

Beispiel 42

Für den Durchlaufträger mit konstantem Trägheitsmoment nach Bild 89 sind die EL für das Stützenmoment M_B, für das Feldmoment M_4 bei $x_4 = 3,00$ m und für die Querkraft Q_{14} bei $x_{14} = 4,00$ m zu ermitteln.

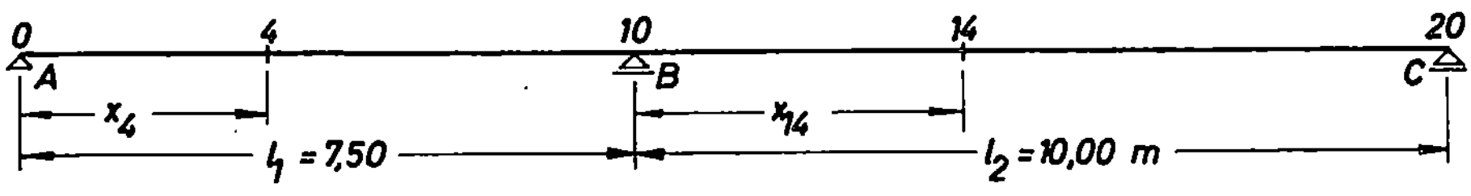

Bi.d 89. Durchlaufträger.

Lösungshinweis und Ergebnisse:

Wird in B ein Gelenk eingeschaltet, so entsteht ein GS, für das in den Beispielen 11 und 12 die EL der gegenseitigen Verdrehung der Stabenden in B, also die Biegelinie infolge $X_1 \triangleq M_B = 1$, bereits bestimmt worden ist; die $E \cdot I \cdot \delta_{i1}$-Werte sind also bekannt. Die EL-Ordinaten haben folgende Größen

$i \cdot$	2	4	6	8	12	14	16	18
M_B	$-0,308$	$-0,540$	$-0,617$	$-0,463$	$-0,823$	$-1,097$	$-0,960$	$-0,549$
M_4	$+0,777$	$+1,584$	$+0,953$	$+0,415$	$-0,329$	$-0,439$	$-0,384$	$-0,220$
Q_{14}	$+0,031$	$+0,054$	$+0,062$	$+0,046$	$-0,118$	$-0,290$	$+0,496$	$+0,255$

Beispiel 43

Für das vorige Beispiel sind alle $E \cdot I \cdot \delta_{i1}$-Werte mittels W-Gewichte zu berechnen. Vgl. Beispiel 44 und Teil 3, Beispiel 43.

Beispiel $\boxed{44}$

Für das in Bild 90 dargestellte Rahmentragwerk (Krananlage) sind die EL für das Moment am Stützenkopf und in Riegelmitte zu bestimmen.

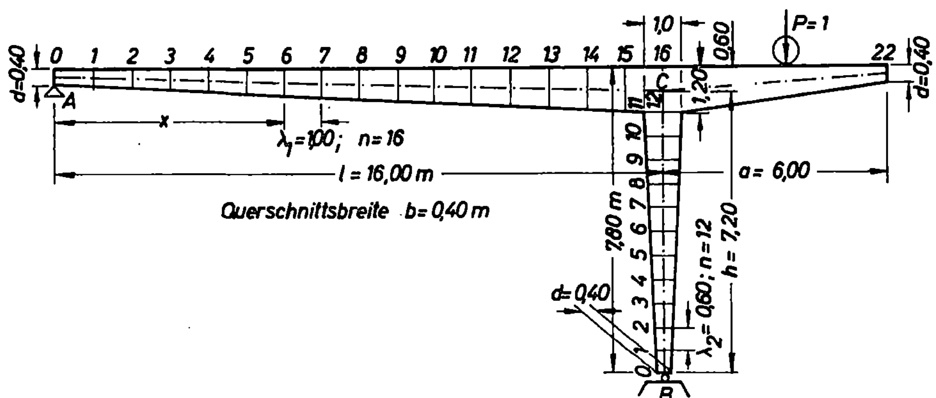

Bild 90. Rahmentragwerk mit veränderlichem Trägheitsmoment.

94

1. Bestimmung von δ_{11}

Durch Einschalten eines Gelenks am Stützenkopf, also $X_1 \triangleq M_{Cu}$, wird als GS ein Träger mit einem Kragarm, einem festen Lager und einer Pendelstütze gebildet (Bild 91). Die EL für das Moment am Stützenkopf ist wieder die Biegelinie des waagerechten Trägers mit Kragarm infolge $X_1 = 1$ in C multipliziert mit $-1/\delta_{11}$, also nach

Gl. (13):
$$X_1 \triangleq M_{Cu} = -\delta_{i1}/\delta_{11}$$

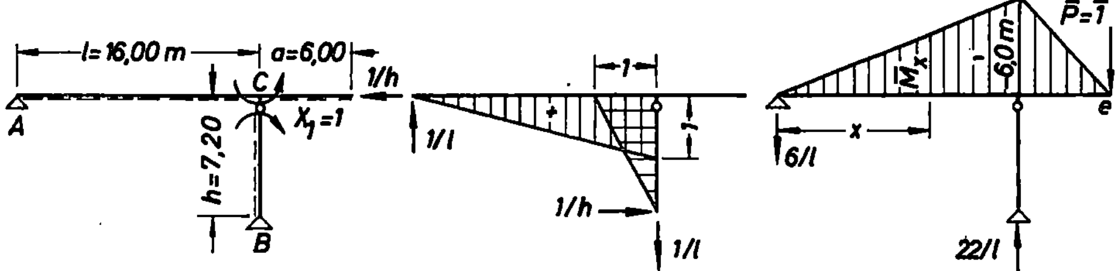

Bild 91. GS mit $X_1 = 1$.   Bild 92. M_1-Fläche.   Bild 93. $\bar{M}$-Fläche.

Der Verdrehungswinkel im Gelenk C infolge $X_1 = 1$ bestimmt sich aus

$$\delta_{11} = \int M_1^2/(E \cdot I) \cdot ds \quad \text{oder} \quad E \cdot \delta_{11} = \int M_1^2/I \cdot ds$$

wobei das veränderliche Trägheitsmoment des Riegels und der Stütze berücksichtigt werden muß. Die numerische Integration erfolgt nach S i m p s o n durch Unterteilung der Flächen in eine gerade Anzahl von n Streifen mit der gleichen Breite $\Delta x = \lambda$ und nach

Gl. (19): $\quad A = \lambda/3 \cdot (y_0 + 4 \cdot y_1 + 2 \cdot y_2 + 4 \cdot y_3 + \cdots + 2 \cdot y_{n-2} + 4 \cdot y_{n-1} + y_n) = \lambda/3 \cdot \Sigma k \cdot y$

und ergibt bei $y \triangleq M_1^2/I$ (Bild 92)

$$
\begin{array}{lll}
& \text{Riegel, } n = 16 & \text{Stütze, } n = 12 \\
M_{x1} &= x \cdot 1/l = x/16 & = x \cdot 1/h = x/7,2 \\
M_{x1}^2 &= x^2/16^2 & = x^2/7,2^2 \\
I_x &= b \cdot d_x^3/12 = d_x^3/30 & = d_x^3/30 \\
d_x &= 0,40 + 0,05 \cdot x & = 0,40 + x/12
\end{array}
$$

$$E \cdot \delta_{11} = \int M_{x1}^2/I_x \cdot ds = \int_A^C \frac{x^2}{16^2} \cdot \frac{30}{d_x^3} \cdot ds \quad + \int_B^C \frac{x^2}{7,2^2} \cdot \frac{30}{d_x^3} \cdot ds$$

$$= \frac{30}{16^2} \cdot \int_A^C \frac{x^2}{d_x^3} \cdot ds \quad + \frac{30}{7,2^2} \cdot \int_B^C \frac{x^2}{d_x^3} \cdot ds$$

$$E \cdot \delta_{11} = A = \frac{\lambda_1}{3} \cdot \frac{30}{16^2} \sum_0^{16} k \cdot \frac{x^2}{d_x^3} \quad + \frac{\lambda_2}{3} \cdot \frac{30}{7,2^2} \sum_0^{12} k \cdot \frac{x^2}{d_x^3}$$

Pkt.	x	x^2	d_x	d_x^3	k	$k \cdot \dfrac{x^2}{d_x^3}$	x	x^2	d_x	d_x^3	k	$k \cdot \dfrac{x^2}{d_x^3}$
0	0	0	0,40	0,064	1	0	0	0	0,40	0,064	1	0
1	1	1	0,45	0,091	4	44,0	0,60	0,36	0,45	0,091	4	15,8
2	2	4	0,50	0,125	2	64,0	1,20	1,44	0,50	0,125	2	23,0
3	3	9	0,55	0,166	4	216,9	1,80	3,24	0,55	0,166	4	78,1
4	4	16	0,60	0,216	2	148,1	2,40	5,76	0,60	0,216	2	53,3
5	5	25	0,65	0,275	4	363,6	3,00	9,00	0,65	0,275	4	130,9
6	6	36	0,70	0,343	2	209,9	3,60	12,96	0,70	0,343	2	75,6
7	7	49	0,75	0,422	4	464,5	4,20	17,64	0,75	0,422	4	167,2
8	8	64	0,80	0,512	2	250,0	4,80	23,04	0,80	0,512	2	90,0
9	9	81	0,85	0,614	4	527,7	5,40	29,16	0,85	0,614	4	190,0
10	10	100	0,90	0,729	2	274,3	6,00	36,00	0,90	0,729	2	98,8
11	11	121	0,95	0,857	4	564,8	6,60	43,56	0,95	0,857	4	203,3
12	12	144	1,00	1,000	2	288,0	7,20	51,84	∞	∞	1	0
13	13	169	1,05	1,158	4	583,8						
14	14	196	1,10	1,331	2	294,5						
15	15	225	1,15	1,521	4	591,7						
16	16	256	1,20	1,728	1	148,1						

Stütze; $\lambda_2 = 0,60$ m $\qquad\qquad \sum = 1126,0$

Riegel: $\lambda_1 = 1,0$ m; $\qquad\qquad \sum = 5033,9$

$$E \cdot \delta_{11} = 1,0/3 \cdot 30/16^2 \cdot 5034 + 0,60/3 \cdot 30/7,2^2 \cdot 1126 = 196,6 + 130,3 = 327 \, \text{m}^{-3}$$

2. Bestimmung der Biegelinie des Riegels infolge $X_1 = 1$ in C

Die E-fache Durchbiegung des Kragarmendes $e \,\hat{=}\,$ Punkt 22 im GS infolge $X_1 = 1$ in C bestimmt sich mit der virtuellen Kraft $\bar{P} = \bar{1}$ in Richtung der gesuchten Durchbiegung in e (Bild 93) nach der Arbeitsgleichung

$$E \cdot f_e = \int M_{x1} \cdot \bar{M}_x/I_x \cdot \mathrm{d}s = -6 \cdot \int_A^C M_{x1}^2/I_x \cdot \mathrm{d}s = -6 \cdot 196,6 = -1180 \, \text{m}^{-2}$$

Die E-fachen Ordinaten der Biegelinie des Riegels zwischen A und B infolge $X_1 = 1$ in C am GS werden unter Berücksichtigung des veränderlichen Trägheitsmomentes durch Belastung des Trägers mit der durch I_x verzerrten M_{x1}-Fläche (vgl. Beispiel 123/Teil 2 und Beispiel 34/Teil 3) ermittelt, wobei hier die unregelmäßigen Flächenlasten durch Einzellasten W_i – die sogenannten elastischen oder Winkelgewichte – (vgl. Beispiel 43/ Teil 3) ersetzt werden. Bei $I_x = d_x^3/30$ und $\lambda_1 = 1,0$ m wird

$$W_i = \left(\frac{M_{i-1}}{I_{i-1}} + 4 \cdot \frac{M_i}{I_i} + \frac{M_{i+1}}{I_{i+1}} \right) \cdot \frac{\lambda}{6} = \left(\frac{M_{i-1}}{d_{i-1}^3} + 4 \cdot \frac{M_i}{d_i^3} + \frac{M_{i+1}}{d_{i+1}^3} \right) \cdot \frac{30 \cdot \lambda}{6}$$

$$W_0 = \left(\frac{2 \cdot M_0}{d_0^3} + \frac{M_1}{d_1^3} \right) \cdot 5,0; \quad W_7 = \left(\frac{M_6}{d_6^3} + 4 \cdot \frac{M_7}{d_7^3} + \frac{M_8}{d_8^3} \right) \cdot 5,0; \quad W_{16} = \left(\frac{M_{15}}{d_{15}^3} + 2 \cdot \frac{M_{16}}{d_{16}^3} \right) \cdot 5,0$$

$$W_0 = S_0 \cdot 5,0 \qquad\qquad W_7 = S_7 \cdot 5,0 \qquad\qquad W_{16} = S_{16} \cdot 5,0$$

i	$M_i = \dfrac{x_i}{16}$ $\;\triangleq x/l$	$\dfrac{M_i}{d_i^3}$ m^{-3}	$4 \cdot \dfrac{M_i}{d_i^3}$ $*2 \cdot \dfrac{M_i}{d_i^3}$	S_i m^{-3}	W_i m^{-3}	$\dfrac{x'}{l}$	$W_i \cdot \dfrac{x'}{l}$ m^{-3}	$W_i \cdot \dfrac{x}{l}$ m^{-3}	$\mathfrak{Q}_i \triangleq \mathfrak{Q}_i \cdot \lambda_i$ m^{-2}	$\mathfrak{M}_i/I_i =$ $E \cdot \delta_{i1}$ m^{-2}	$X_1 \triangleq M_{Cu}$ m
0	0	0	*0	0,681	3,405	1,000	3,405	0	217,627	0	0
1	0,062	0,681	2,724	3,724	18,620	0,938	17,466	1,154	214,222	214,222	−0,655
2	0,125	1,000	4,000	5,813	29,065	0,875	25,432	3,633	195,602	409,824	−1,253
3	0,188	1,132	4,528	6,685	33,425	0,812	27,141	6,284	166,537	576,361	−1,763
4	0,250	1,157	4,628	6,894	34,470	0,750	25,852	8,618	133,112	709,473	−2,170
5	0,312	1,134	4,536	6,786	33,930	0,688	23,343	10,586	98,642	808,115	−2,471
6	0,375	1,093	4,372	6,544	32,720	0,625	20,450	12,270	64,712	872,827	−2,669
7	0,438	1,038	4,152	6,223	31,110	0,562	17,484	13,626	31,992	904,819	−2,767
8	0,500	0,977	3,908	5,861	29,305	0,500	14,653	14,653	0,882	905,701	−2,770
9	0,562	0,915	3,660	5,494	27,470	0,438	12,032	15,438	− 28,423	877,278	−2,683
10	0,625	0,857	3,428	5,146	25,730	0,375	9,649	16,081	− 55,893	821,385	−2,512
11	0,688	0,803	3,212	4,819	24,095	0,312	7,518	16,577	− 81,623	739,762	−2,262
12	0,750	0,750	3,000	4,504	22,520	0,250	5,630	16,890	−105,718	634,044	−1,939
13	0,812	0,701	2,804	4,211	21,055	0,188	3,958	17,097	−128,238	505,806	−1,547
14	0,875	0,657	2,628	3,946	19,730	0,125	2.466	17,264	−149,293	356,513	−1,090
15	0,938	0,617	2,468	3,704	18,520	0,062	1,148	17,372	−169,023	187,490	−0,573
·16	1,000	0,579	*1,158	1,775	8,875	0	0	8,875	−187,543 −196,418	−0,053 ≈ 0	0
Σ			$\mathfrak{A} + \mathfrak{B} = 414{,}045$				$\mathfrak{A} = 217{,}627$	196,418	$= - \mathfrak{B}$		
22										−1180	+3,607

3. EL „M_C"

Werden alle $E \cdot \delta_{i1}$-Werte noch mit $- 1/(E \cdot \delta_{11}) = - 1/327$ multipliziert, ergeben sich in der letzten Spalte der obigen Tabelle die Ordinaten für die EL „X_1" $\triangleq$ EL „M_{Cu}"; diese ist in Bild 94 dargestellt.

Die EL „M_{Cl}" stimmt zwischen A und C mit der EL „M_{Cu}" überein, während sie am Kragarm aus der Bedingung $M_{Cl} = M_{Cu} + M_{Cr}$ ermittelt wird und da die EL „M_{Cr}" eine von C nach außen unter 45° negativ ansteigende Gerade ist, ergibt sich für den Punkt 22 der Wert $M_{Cl} = M_{Cu} - 6{,}0 = - 2{,}393$.

4. EL „M_8"

Die EL für das Biegemoment im Punkt 8 läßt sich durch Überlagerung aus der Schnittkraftgleichung (1,8/Teil 3)

$$M_8 = M_{80} + x/l \cdot M_{Cu} = M_{80} = 0{,}5 \cdot M_{Cu}$$

tabellarisch berechnen; ihr Verlauf ist in Bild 94b aufgetragen.

i	0	1	2	3	4	5	6	7	8
M_{80}	0	0,5	1,0	1,5	2,0	2,5	3,0	3,5	4,0
$0,5 \cdot M_{Cu}$	0	− 0,328	− 0,626	− 0,882	− 1,085	− 1,236	− 1,334	− 1,384	− 1,385
M_8	0	+ 0,172	+ 0,374	+ 0,618	+ 0,915	+ 1,264	+ 1,666	+ 2,116	+ 2,615

i	9	10	11	12	13	14	15	16	22
M_{80}	3,5	3,0	2,5	2,0	1,5	1,0	0,5	0	$-3,0$
$0,5 \cdot M_{Cu}$	$-1,342$	$-1,256$	$-1,131$	$-0,970$	$-0,774$	$-0,545$	$-0,286$	0	$+1,804$
M_8	$+2,158$	$+1,744$	$+1,369$	$+1,030$	$+0,726$	$+0,455$	$+0,214$	0	$-1,196$

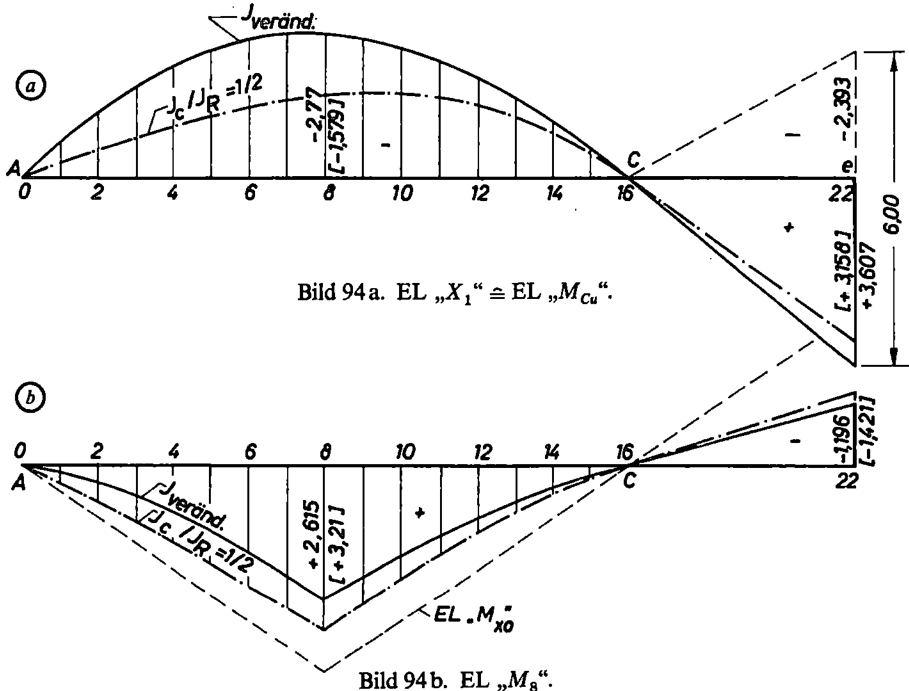

Bild 94a. EL „X_1" $\hat{=}$ EL „M_{Cu}".

Bild 94b. EL „M_8".

Beispiel 45

Für ein Rahmentragwerk mit denselben Hauptabmessungen l, a, h und b wie im vorigen Beispiel, aber im Riegel mit der konstanten Querschnittshöhe $d_R = 80$ cm und in der Stütze mit $d_{St} = 63,5$ cm, sind die EL „M_{Cu}" und „M_8" zu ermitteln.

Ergebnisse:

Der Verlauf beider EL ist in Bild 94a, b strichpunktiert eingetragen; diese Bilder zeigen, daß bei veränderlichem Trägheitsmoment durch den steiferen Knoten C das Stützenmoment größer wird, während im Feld eine Entlastung eintritt.

i	1	2	3	4	5	6	7	8
M_{Cu}	$-0,26$	$-0,52$	$-0,76$	$-0,99$	$-1,19$	$-1,36$	$-1,49$	$-1,58$
M_8	0,37	0,74	1,12	1,51	1,91	2,32	2,76	3,21

i	9	10	11	12	13	14	15	22
M_{Cu}	$-1,62$	$-1,60$	$-1,53$	$-1,38$	$-1,16$	$-0,86$	$-0,48$	$+3,16$
M_8	2,69	2,20	1,74	1,31	0,92	0,57	0,26	$-1,42$

Für einen über vier Felder durchlaufenden Unterzug einer befahrbaren Hofkellerdecke sind die EL des Stützenmomentes M_B sowie des Auflagerdrucks B zu ermitteln. Sodann sind die Grenzwerte von M_B für $g = 20$ kN/m und einer Nutzbelastung durch Regelfahrzeuge mit 9 t Gesamtgewicht und die Grenzwerte von B infolge g und einer gleichmäßig verteilten Verkehrsbelastung von $p = 5$ kN/m² zu berechnen.

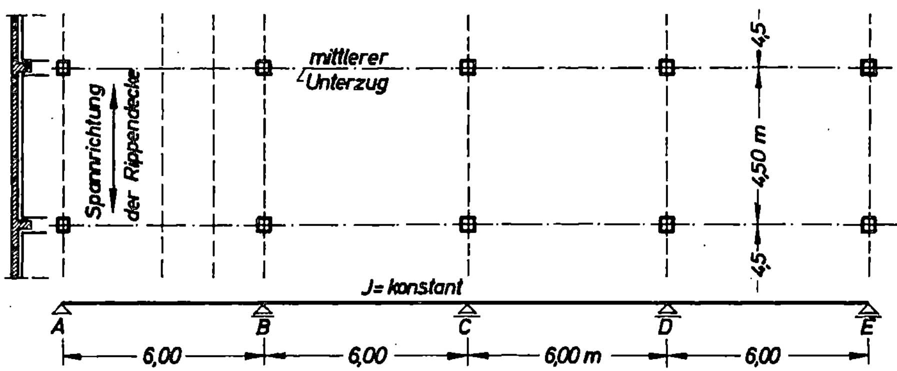

Bild 95. Unterzug einer befahrbaren Hofkellerdecke.

1. Ermittlung der Lastenzüge

Nach Zi. 1.1.1 sind befahrende Decken mindestens für die Brückenklasse 6 zu berechnen; hier sind jedoch Lastkraftwagen von 90 kN Gesamtlast oder einer Flächenlast von $p = 5$ kN/m² vorgeschrieben. Die Regelfahrzeuge sind in ungünstigster Stellung neben- und hintereinander und wenn nötig, auch in verschiedener Fahrtrichtung FR anzuordnen; entlastend wirkende Rad- oder Achslasten bleiben unberücksichtigt. Aus diesen Forderungen ergeben sich drei Lastenzüge, für die eine Auswertung durchzuführen ist.

Lastenzug I:

Bei Fahrtrichtung parallel zum Unterzug werden die Regelfahrzeuge mit ihren vorgeschriebenen Abmessungen dicht neben- und hintereinander so aufgestellt, daß je ein Vorder- und ein Hinterrad auf dem Unterzug steht (Bild 96a). Unter der Annahme, daß die Rippendecke auf den Unterzügen frei aufliegt, ergeben sich aus dieser Regelfahrzeugbelastung die Drücke auf einen mittleren Unterzug zu

Vorderräder $V = 15 \cdot (1{,}1 + 2{,}0 + 3{,}6 + 4{,}5 + 0{,}4 + 2{,}0 + 2{,}9)/4{,}5 = \ \ 55$ kN
Hinterräder $H = 30 \cdot 16{,}5/4{,}5 \qquad\qquad\qquad\qquad\qquad = 110$ kN

Lastenzug II:

Bei Fahrtrichtung senkrecht zum Unterzug werden die Regelfahrzeuge so aufgestellt, daß immer eine Hinterachse auf dem Unterzug steht und die anderen Fahrzeuge entgegengesetzte Fahrtrichtung haben (Bild 96 b)

$$P_n = 30 + 30 \cdot 1,5/4,5 + 15 \cdot 1,5/4,5 = 45 \text{ kN}$$

Lastenzug III:

$$p = 5 \cdot 4,50 = 22,5 \text{ kN/m}$$

2. Ermittlung der EL

Für Einfeldträger mit verschiedenen Lagerungen sowie für Durchlaufträger über zwei bis vier Felder, wobei die Mittelfelder auch eine andere Stützweite als die Außenfelder haben dürfen, können die Einflußordinaten der Momente in allen Zehntelpunkten, der Auflagerkräfte und der Querkräfte an den Stützen aus dem Tabellenwerk von Zellerer „Durchlaufträger, Einflußlinien und Momentenlinien" entnommen werden. Die Tabellenwerte der EL für Momente sind lediglich mit den Stützweiten zu multiplizieren. Für $l_1 = l_4$ und $l_2 = l_3 = n \cdot l_1$ bei $n = 1,00$ sind die entsprechenden Tabellenwerte TW dort auf Seite 256 für den Punkt $10 \triangleq B$ zu finden, die mit $l = 6,0$ m multipliziert dann die in der folgenden Tabelle zusammengestellten Ordinaten der EL „M_B" ergeben. Die Ordinaten der EL „B" sind dort auf Seite 324 sofort aus der Spalte A_I abzulesen.

EL „M_B" $\triangleq$ TW $\cdot$ 6,0				EL „B" $\triangleq$ TW A_I				
i	Feld 1	Feld 2	Feld 3	Feld 4	i	Feld 1	Feld 2	Feld 3	Feld 4
0	0	0	0	0	0	0	+ 1,000	0	0
1	− 0,1590	− 0,2322	+ 0,0624	− 0,0186	1	+ 0,1601	+ 0,9614	− 0,0627	+ 0,0183
2	− 0,3084	− 0,3804	+ 0,1026	− 0,0306	2	+ 0,3166	+ 0,8926	− 0,1029	+ 0,0309
3	− 0,4386	− 0,4566	+ 0,1236	− 0,0384	3	+ 0,4657	+ 0,7997	− 0,1237	+ 0,0383
4	− 0,5400	− 0,4734	+ 0,1284	− 0,0414	4	+ 0,6040	+ 0,6891	− 0,1286	+ 0,0411
5	− 0,6024	− 0,4422	+ 0,1206	− 0,0402	5	+ 0,7277	+ 0,5670	− 0,1205	+ 0,0402
6	− 0,6174	− 0,3756	+ 0,1026	− 0,0360	6	+ 0,8331	+ 0,4394	− 0,1029	+ 0,0360
7	− 0,5736	− 0,2856	+ 0,0786	− 0,0294	7	+ 0,9168	+ 0,3128	− 0,0788	+ 0,0293
8	− 0,4626	− 0,1854	+ 0,0516	− 0,0204	8	+ 0,9749	+ 0,1931	− 0,0514	+ 0,0206
9	− 0,2748	− 0,0858	+ 0,0240	− 0,0108	9	+ 1,0038	+ 0,0868	− 0,0241	+ 0,0106
10	0	0	0	0	10	+ 1,0000	0	0	0

3. Auswertung der EL

3.1. Grenzwerte von M_B

Um die maßgebenden Grenzwerte des Stützenmomentes M_B zu bestimmen, muß jeder der drei Lastenzüge L sowohl im negativen als auch im positiven Einflußbereich in ungünstigste Stellung gebracht und dafür die betreffende EL ausgewertet werden. Die wahrscheinlich ungünstigsten Stellungen St 1 und St 2 für L I und L II sind in Bild 97 dargestellt und für L III gelten auch hier die Stellungen nach Bild 98. Für gleichmäßig verteilte Belastung über das ganze Tragwerk sowie über einzelne Felder sind in dem oben genannten Buch auch Tabellenwerte TW angegeben, mit denen die Momente in allen Zehntelpunkten sofort nach den Gleichungen

$$M = \text{TW}_g \cdot g \cdot l^2 \quad \text{bzw.} \quad M = \text{TW}_p \cdot p \cdot l^2$$

berechnet werden können, so daß sich hier die Inhaltsberechnung der Einflußfläche erübrigt.

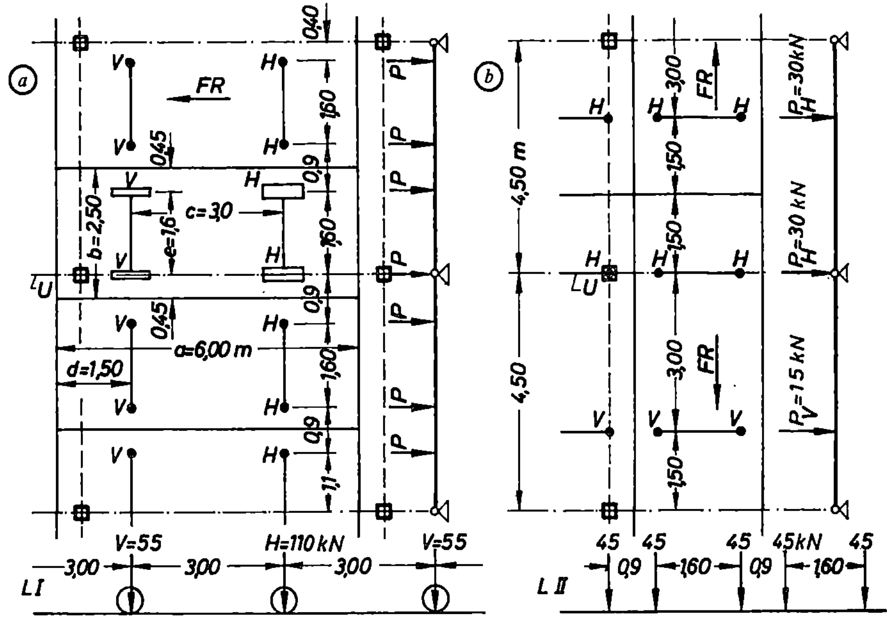

Bild 96a–b. Anordnung der Regelfahrzeuge und die zugehörigen Lastenzüge.

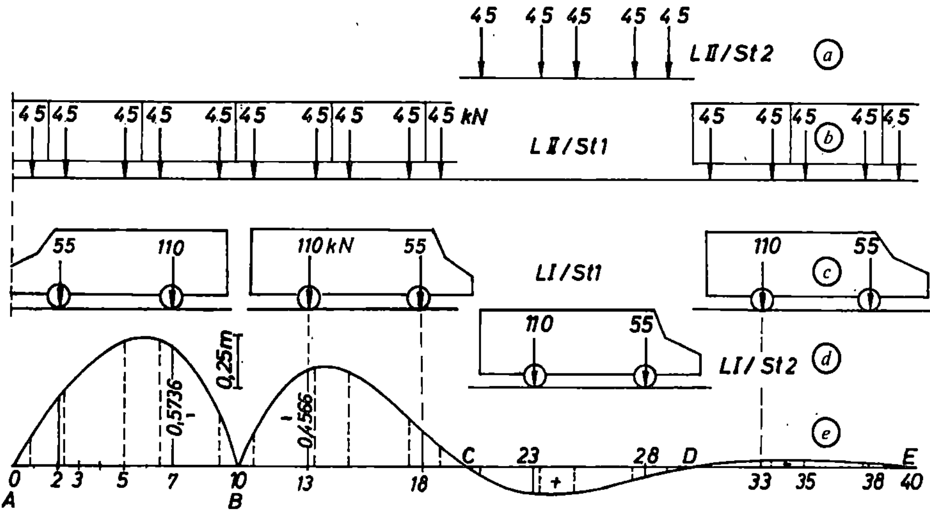

Bild 97. EL „M_B" mit den ungünstigsten Stellungen für Lastenzug I und II.

Die negativen Grenzwerte M_{Bp}:

L I, St 1: $\quad M_{Bp} = -0{,}3084 \cdot 55 - 0{,}5736 \cdot 110 - 0{,}4566 \cdot 110$

$\qquad\qquad -0{,}1854 \cdot 55 - 0{,}0384 \cdot 110 - 0{,}0204 \cdot 55 \quad = -146\ \mathrm{kN\,m}$

L II, St 1: $\quad M_{Bp} = \Sigma\,\eta \cdot P = -3{,}5 \cdot 45 \qquad\qquad = -158\ \mathrm{kN\,m} = \mathrm{max}$

L III, St 1: $\quad M_{Bp} = (\mathrm{TW}_{p1} + \mathrm{TW}_{p2} + \mathrm{TW}_{p4}) \cdot p \cdot l^2$

$\qquad\qquad M_{Bp} = (-0{,}0670 - 0{,}0491 - 0{,}0045) \cdot 22{,}5 \cdot 6{,}0^2 \quad = -\ 98\ \mathrm{kN\,m}$

Die positiven Grenzwerte M_{Bp}:

L I, St 2: $\quad M_{Bp} = +0{,}1236 \cdot 110 + 0{,}0516 \cdot 55 \qquad = +\ 16\ \mathrm{kN\,m}$

L II, St 2: $\quad M_{Bp} = \Sigma\,\eta \cdot P = 0{,}39 \cdot 45 \qquad\qquad = +\ 18\ \mathrm{kN\,m} = \mathrm{min}$

L III, St 2: $\quad M_{Bp} = \mathrm{TW}_{p3} \cdot p \cdot l^2 = +0{,}0134 \cdot 22{,}5 \cdot 6{,}0^2 \quad = +\ 11\ \mathrm{kN\,m}$

Mit dem Stützenmoment infolge ständiger Belastung

$$M_{Bg} = \mathrm{TW}_g \cdot g \cdot l^2 = -0{,}1071 \cdot 20 \cdot 6{,}0^2 \qquad = -\ 77\ \mathrm{kN\,m}$$

ergeben sich dann folgende maßgebende Grenzwerte

$$\max M_B = M_{Bg} + \max M_{Bp} = -77 - 158 \qquad = -235\ \mathrm{kN\,m}$$

$$\min M_B = M_{Bg} + \min M_{Bp} = -77 + 18 \qquad = -\ 59\ \mathrm{kN\,m}$$

3.2. Grenzwerte von B

Die Grenzwerte des Auflagerdrucks B sind nur für eine gleichmäßig verteilte Verkehrsbelastung, also nur für den Lastenzug III mit den in Bild 98 eingezeichneten ungünstigsten Stellungen verlangt. Auch Querkräfte und Lagerkräfte können bei gleichmäßig verteilten Belastungen mit derartigen Tabellenwerten TW (Seite 324 des oben genannten Buches) schnellstens berechnet werden.

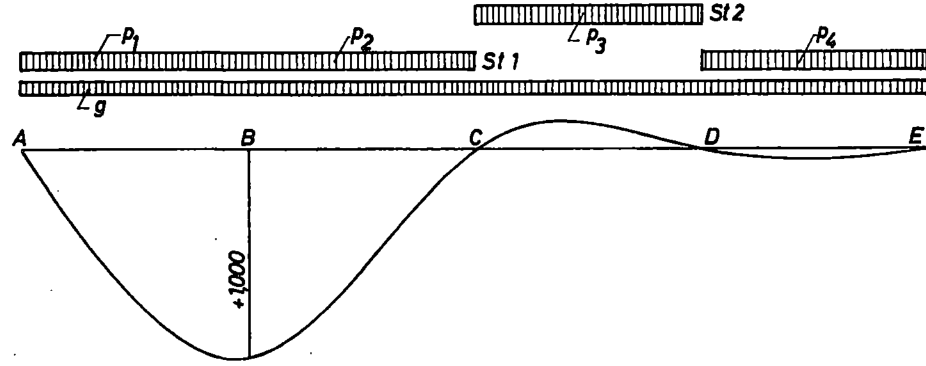

Bild 98. EL „B" mit ungünstigsten Stellungen für Lastenzug III.

$$B_g = TW_g \cdot g \cdot l = 1{,}1429 \cdot 20 \cdot 6{,}0 \qquad = \quad 137 \text{ kN}$$

L III, St 1: $\quad B_p = (TW_{p1} + TW_{p2} + TW_{p4}) \cdot p \cdot l$

$$B_p = (0{,}6518 + 0{,}5446 + 0{,}0268) \cdot 22{,}5 \cdot 6{,}0 = \quad 165 \text{ kN}$$

L III, St 2: $\quad B_p = TW_{p3} \cdot p \cdot l = -0{,}0804 \cdot 22{,}5 \cdot 6{,}0 \qquad = - \quad 11 \text{ kN}$

$$\max B = 137 + 165 \qquad = \quad 302 \text{ kN}$$

$$\min B = 137 - \quad 11 \qquad = \quad 126 \text{ kN}$$

3.3. Grenzwertlinien der Momente bzw. Querkräfte

Werden in jedem Zehntelpunkt jedes Feldes analog wie beim Stützenmoment M_B die maßgebenden positiven und negativen Grenzwerte der Momente bestimmt, in den zugehörigen Zehntelpunkten vorzeichengerecht und maßstäblich als Momentenordinaten aufgetragen, so ergeben die Verbindungslinien der Ordinatenendpunkte die Grenzwertlinien der Biegemomente entsprechend Zi. 1.5.3. und Bild 10. Die Grenzwertlinien der Querkräfte werden in gleichartiger Weise durch Auswerten aller EL „Q" ermittelt.

Beispiel 47

Für den zweifeldrigen, beiderseits eingespannten Träger mit konstantem Trägheitsmoment sind die EL der Einspann- und Stützenmomente mit Hilfe von Tabellenwerten an einem $(n-1)$-fach unbestimmten Hauptsystem zu bestimmen und für $q_1 = 50$ kN/m und $q_2 = 30$ kN/m auszuwerten.

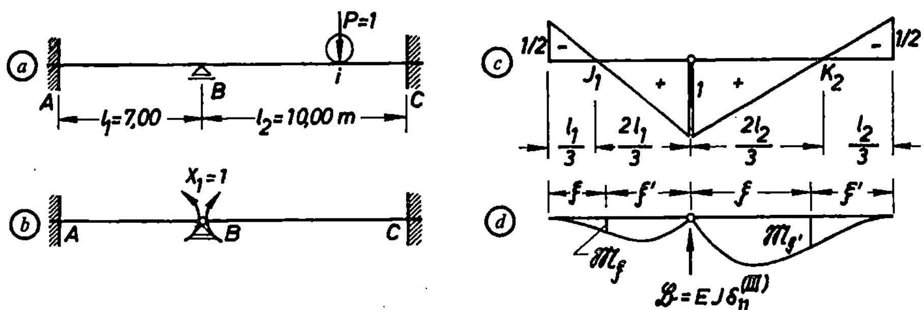

Bild 99 a−b. Tragwerk mit $(n-1)$-fach unbestimmten HS,
c−d. $M_1^{(n-1)}$-Fläche und zugehörige Biegelinie.

1. Allgemeines

Dasselbe Tragwerk ist für gleichmäßig verteilte ruhende Belastungen schon im Beispiel 83 Teil 3 mittels eines $(n-1)$-fach statisch unbestimmten Hauptsystems Hs berechnet worden, indem über der Mittelstütze ein Gelenk eingeschaltet und als Unbekannte $X_1 \triangleq M_B$ gewählt wurde. An diesem dreifach unbestimmten HS ist dann nach

Gl. (6,32/Teil 3): $\qquad\qquad X_1 = -\,\delta_{10}^{(III)}/\delta_{11}^{(III)}$

wobei, wie der Kopfzeiger (III) anzeigt, die Formänderungen am dreifach unbestimmten

HS zu ermitteln sind. Infolge $X_1 = 1$ in B am HS wird nach dem Festpunkteverfahren (Teil 3 Zi. 4) $M_{A1}^{(III)} = M_{C1}^{(III)} = -1/2$ (Bild 99 c).

2. EL „X_1" $\triangleq$ EL „M_B"

Für die Einflußlinie von M_B gilt die Gleichung

$$X_1 = - \delta_{1i}^{(III)}/\delta_{11}^{(III)}$$

worin nach Maxwell $\delta_{1i}^{(III)} = \delta_{i1}^{(III)}$ die Biegelinie des $(n-1)$-fach unbestimmten HS infolge $X_1 = 1$ und $\delta_{11}^{(III)}$ ihr Knickwinkel in $1 \triangleq B$ ist. Es ist (vgl. Bild 14.4. im Teil 3)

$$E \cdot I \cdot \delta_{11}^{(III)} = \mathfrak{B} = M_{A1}^{(III)} \cdot l_1/6 + M_{B1}^{(III)} \cdot (l_1/3 + l_2/3) + M_{C1}^{(III)} \cdot l_2/6$$

$$E \cdot I \cdot \delta_{11}^{(III)} = -1/2 \cdot 7{,}0/6 + 1 \cdot 17{,}0/3 - 1/2 \cdot 10{,}0/6 = 4{,}25 \text{ m}$$

Die $E \cdot I$-fache Biegelinie am HS ergibt sich nach Mohr als $\mathfrak{M}_\xi$-Verlauf infolge Belastung durch die $M_1^{(III)}$-Fläche, dabei können die $\mathfrak{M}_\xi$-Werte in den Zehntelpunkten nach Zi. 2.2.1. mittels der ω_D-Zahlen durch Überlagerung in beiden Feldern – zuerst mit Belastung $M = +1$ in B und dann Belastung mit $M = -1/2$ in A und C – berechnet werden oder aber schneller mit den Beiwerten ω_E (vgl. [2] Tafel 10), die sich aus der Beziehung

$$\mathfrak{M}_\xi = \frac{M \cdot l^2}{4} \cdot \omega_E \quad \text{und} \quad \omega_E = \frac{\xi}{l} \cdot \left(1 - \frac{\xi}{l}\right)^2 \quad \text{(vgl. Beispiel 37)}$$

ermitteln lassen.

Feld 1: $\mathfrak{M}_\xi = 1 \cdot 7{,}0^2/4 \cdot \omega_E' = E \cdot I \cdot \delta_{i1}^{(III)}$				Feld 2: $\mathfrak{M}_\xi = 1 \cdot 10{,}0^2/4 \cdot \omega_E = E \cdot I \cdot \delta_{i1}^{(III)}$			
i	ω_E'	$\mathfrak{M}_\xi$ m^2	$X_1 \triangleq M_B$ m	i	ω_E	$\mathfrak{M}_\xi$ m^2	$X_1 \triangleq M_B$ m
0	0	0	0	10	0	0	0
1	0,0090	0,1102	$-0{,}0259$	11	0,0810	2,0250	$-0{,}4765$
2	0,0320	0,3920	$-0{,}0922$	12	0,1280	3,2000	$-0{,}7529$
3	0,0630	0,7718	$-0{,}1816$	13	0,1470	3,6750	$-0{,}8647$
4	0,0960	1,1760	$-0{,}2767$	14	0,1440	3,6000	$-0{,}8471$
5	0,1250	1,5312	$-0{,}3603$	15	0,1250	3,1250	$-0{,}7353$
6	0,1440	1,7640	$-0{,}4151$	16	0,0960	2,4000	$-0{,}5647$
7	0,1470	1,8008	$-0{,}4237$	17	0,0630	1,5750	$-0{,}3706$
8	0,1280	1,5680	$-0{,}3689$	18	0,0320	0,8000	$-0{,}1882$
9	0,0810	0,9922	$-0{,}2335$	19	0,0090	0,2250	$-0{,}0529$
10	0	0	0	20	0	0	0

3. EL „M_A" und EL „M_C"

Die EL der Einspannmomente $M_A^{(IV)}$ und $M_C^{(IV)}$ ergeben sich durch Überlagerung am HS aus

$$M_A^{(IV)} = M_A^{(III)} + X_1 \cdot M_{A1}^{(III)}$$

$$M_C^{(IV)} = M_C^{(III)} + X_1 \cdot M_{C1}^{(III)}$$

Die Ordinaten für die EL der Einspannmomente $M_A^{(III)}$ und $M_C^{(III)}$ am HS können aus [6] als Tabellenwerte TW entnommen werden, die lediglich noch mit der zugehörigen Stützweite l_1 oder l_2 multipliziert werden müssen.

Für alle Laststellungen im r e c h t e n Feld ist $M_A^{(III)} = 0$, also

$$M_A^{(IV)} = X_1 \cdot M_{A1}^{(III)} = X_1 \cdot (-1/2) = -M_B/2$$

und für alle Laststellungen im l i n k e n Feld ist $M_C^{(III)} = 0$ und dann $M_C^{(IV)} = -M_B/2$.

linkes Feld: $l_1 = 7,0$ m					rechtes Feld	
i	TW	$TW \cdot l_1 = M_A^{(III)}$	$X_1 \cdot M_{A1}^{(III)}$ $= -M_B/2$	$M_A^{(IV)}$	i	$M_A^{(IV)} = -M_B/2$
0	0	0	0	0	10	0
1	$-0,0855$	$-0,5985$	$+0,0130$	$-0,5855$	11	$+0,2382$
2	$-0,1440$	$-1,0080$	$+0,0461$	$-0,9619$	12	$+0,3764$
3	$-0,1785$	$-1,2495$	$+0,0908$	$-1,1587$	13	$+0,4324$
4	$-0,1920$	$-1,3440$	$+0,1384$	$-1,2056$	14	$+0,4236$
5	$-0,1875$	$-1,3125$	$+0,1802$	$-1,1323$	15	$+0,3676$
6	$-0,1680$	$-1,1760$	$+0,2076$	$-0,9684$	16	$+0,2824$
7	$-0,1365$	$-0,9555$	$+0,2118$	$-0,7437$	17	$+0,1853$
8	$-0,0960$	$-0,6720$	$+0,1844$	$-0,4876$	18	$+0,0941$
9	$-0,0495$	$-0,3465$	$+0,1168$	$-0,2297$	19	$+0,0264$
10	0	0	0	0	20	0

linkes Feld		rechtes Feld: $l_2 = 10,0$ m				
i	$M_C^{(IV)} = -M_B/2$	i	TW	$TW \cdot l_2 = M_C^{(III)}$	$X_1 \cdot M_{C1}^{(III)}$ $= -M_B/2$	$M_C^{(IV)}$
0	0	10	0	0	0	0
1	$+0,0130$	11	$-0,0495$	$-0,495$	$+0,2382$	$-0,2568$
2	$+0,0461$	12	$-0,0960$	$-0,960$	$+0,3764$	$-0,5836$
3	$+0,0908$	13	$-0,1365$	$-1,365$	$+0,4324$	$-0,9326$
4	$+0,1384$	14	$-0,1680$	$-1,680$	$+0,4236$	$-1,2564$
5	$+0,1802$	15	$-0,1875$	$-1,875$	$+0,3676$	$-1,5074$
6	$+0,2076$	16	$-0,1920$	$-1,920$	$+0,2824$	$-1,6376$
7.	$+0,2118$	17	$-0,1785$	$-1,785$	$+0,1853$	$-1,5997$
8	$+0,1844$	18	$-0,1440$	$-1,440$	$+0,0941$	$-1,3459$
9	$+0,1168$	19	$-0,0855$	$-0,855$	$+0,0264$	$-0,8286$
10	0	20	0	0	0	0

Mit diesen drei in Bild 100 dargestellten EL der Einspann- und Stützenmomente können nunmehr die EL der Lagerkräfte sowie der Biegemomente und Querkräfte für jede beliebige Schnittstelle durch Überlagerung gebildet werden.

4. A u s w e r t u n g

Der Flächeninhalt der drei EL wird durch numerische Integration nach

Gl. (19): $\quad A = \lambda/3 \cdot (y_0 + 4 \cdot y_1 + 2 \cdot y_2 + 4 \cdot y_3 + \cdots + 2 \cdot y_{n-2} + 4 \cdot y_{n-1} + y_n) = \lambda/3 \cdot \Sigma k \cdot y$

in der folgenden Tabelle ermittelt.

i	k	η_A	$k \cdot \eta_A$	η_B	$k \cdot \eta_B$	η_C	$k \cdot \eta_C$
0	1	0	0	0	0	0	0
1	4	− 0,5855	− 2,342	− 0,0259	− 0,104	+ 0,0130	+ 0,052
2	2	− 0,9619	− 1,924	− 0,0922	− 0,184	+ 0,0461	+ 0,092
3	4	− 1,1587	− 4,635	− 0,1816	− 0,726	+ 0,0908	+ 0,363
4	2	− 1,2056	− 2,411	− 0,2767	− 0,553	+ 0,1384	+ 0,277
5	4	− 1,1323	− 4,529	− 0,3603	− 1,441	+ 0,1802	+ 0,721
6	2	− 0,9684	− 1,937	− 0,4151	− 0,830	+ 0,2076	+ 0,415
7	4	− 0,7437	− 2,975	− 0,4237	− 1,695	+ 0,2118	+ 0,847
8	2	− 0,4876	− 0,975 ·	− 0,3689	− 0,738	+ 0,1844	+ 0,369
9	4	− 0,2297	− 0,919	− 0,2335	− 0,934	+ 0,1168	+ 0,467
10	1	0	0	0	0	0	0
$\sum k \cdot \eta$			− 22,647		− 7,205		+ 3,603
10	1	0	0	0	0	0	0
11	4	+ 0,2382	+ 0,953	− 0,4765	− 1,906	− 0,2568	− 1,027
12	2	+ 0,3764	+ 0,753	− 0,7529	− 1,506	− 0,5836	− 1,167
13	4	+ 0,4324	+ 1,730	− 0,8647	− 3,459	− 0,9326	− 3,730
14	2	+ 0,4236	+ 0,847	− 0,8471	− 1,694	− 1,2564	− 2,513
15	4	+ 0,3676	+ 1,470	− 0,7353	− 2,941	− 1,5074	− 6,030
16	2	+ 0,2824	+ 0,565	− 0,5647	− 1,129	− 1,6376	− 3,275
17	4	+ 0,1853	+ 0,741	− 0,3706	− 1,482	− 1,5997	− 6,399
18	2	+ 0,0941	+ 0,188	− 0,1882	− 0,376	− 1,3459	− 2,692
19	4	+ 0,0264	+ 0,106	− 0,0529	− 0,212	− 0,8286	− 3,314
10	1	0	0	0	0	0	0
$\sum k \cdot \eta$			+ 7,353		− 14,705		− 30,147

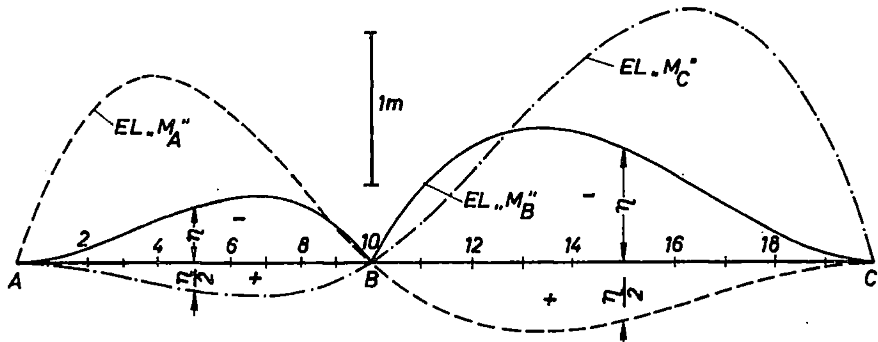

Bild 100. EL für M_A, M_B und M_C.

Für eine gleichmäßig verteilte Belastung von $q_1 = 50$ kN/m und $\lambda_1 = 0,70$ m im Feld 1 sowie $q_2 = 30$ kN/m und $\lambda_2 = 1,0$ m im Feld 2 ergeben sich dann folgende Momente:

$$M_A = 50 \cdot 0,7/3 \cdot (-22,647) + 30 \cdot 1,0/3 \cdot 7,353 \qquad = -190,7 \text{ kN m}$$

$$M_B = 50 \cdot 0,7/3 \cdot (-7,205) + 30 \cdot 1,0/3 \cdot (-14,705) = -231,1 \text{ kN m}$$

$$M_C = 50 \cdot 0,7/3 \cdot 3,603 \qquad + 30 \cdot 1,0/3 \cdot (-30,147) = -259,5 \text{ kN m}$$

Vergleiche Beispiel 51 und Teil 3 Bild 147 sowie Beispiele 26 und 83.

Für einen Brückenrahmen (Bild 101 a) sind die EL der Momente an der Stütze B und des Momentes im Feldquerschnitt 14 mittels des Iterationsverfahrens nach Kani zu bestimmen. Sodann sind die Stützenmomente M_{Br} und M_{Bl} für eine gleichmäßig verteilte Belastung von 3 kN/m zu berechnen (vgl. Beispiel 101 im Teil 3).

1. Allgemeines

An der Schnittstelle i, an der die EL „M_i" zu bestimmen ist, wird ein Gelenk eingeschaltet und dort das so entstandene $(n-1)$-fach unbestimmte HS mit einem negativen Doppelmoment von solcher Größe belastet, daß die dadurch erzeugte Biegelinie des HS in i einen Knickwinkel von der für das Verfahren Kani zweckmäßigen Größe $\delta_{ii}^{(n-1)} = -1/(2 \cdot E)$ erhält. Da nach Zi. 6.1. die EL „M_i" identisch ist mit jener Biegelinie des HS, die in der Schnittstelle i einen Knickwinkel $\delta = -1$ hat, müssen die Biegelinienordinaten später noch mit $2 \cdot E$ multipliziert werden, damit sie den EL-Ordinaten entsprechen.
Nachdem an der Gelenkstelle der Knickwinkel erteilt ist, denkt man sich die biegesteife Verbindung wieder hergestellt, wodurch auch das elastische Verhalten des gegebenen n-fach unbestimmten Systems wieder vorliegt. Für den Volleinspannzustand, also alle Knotenpunkte sind verdrehungssteif, werden zunächst die infolge des erteilten Knickwinkels $-1/(2 \cdot E)$ entstandenen Volleinspannmomente und sodann mittels Iteration alle dadurch verursachten Stabendmomente ermittelt. Wird sodann das Tragwerk mit dieser mit $2 \cdot E$ multiplizierten Momentenfläche belastet, so ergibt sich nach Mohr eine Biegelinie, die mit der gesuchten EL „M_i" übereinstimmt. Vergleiche auch Beispiele 11 und 41.

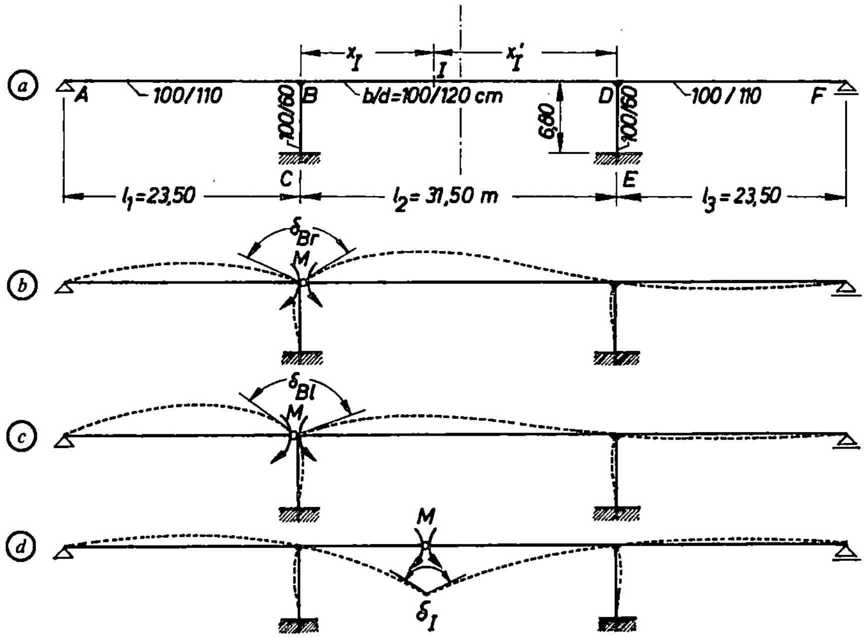

Bild 101 a. Brückenrahmen.
Bild 101 b–d. $(n-1)$-fach unbestimmtes HS mit Biegelinien infolge negativer Momente
in den gedachten Gelenkstellen.

2. Stab- und Knotensteifigkeiten, Verdrehungsfaktoren

Knoten i	Stab ik	b/d dm	I_{ik} dm^4	l_{ik} dm	$K_{ik} = I/l$ dm^3	K'_{ik} dm^3	$2 \cdot \Sigma_i K_{ik}$ dm^3	μ_{ik}	$\Sigma_i \mu_{ik}$
B	$B-A$	10/11	1109	235	4,72	3,54		$-0,1643$	
	$B-C$	10/ 6	180	68	2,65	$-$	21,54	$-0,1232$	$-0,500$
	$B-D$	10/12	1440	315	4,58	$-$		$-0,2125$	

3. EL „M_{Br}"

Rechts von der Stütze B wird ein Gelenk eingeschaltet und ein negatives Doppelmoment angebracht (Bild 101 b), so daß das linke Ende des zweiten Feldes den Biegelinienknickwinkel von der Größe $-1/(2 \cdot E)$ erhält. Die Festhaltemomente des Volleinspannzustandes sind gleich jenen Volleinspannmomenten an den Stabenden, die erforderlich sind, um deren Verdrehung zu verhindern, wenn nach Ausführung des Knicks die Knickstelle wieder biegesteif ausgebildet wird und die Stabenden unverdrehbar festgehalten sind. Mit $x = 0$ und $x' = l_2$ betragen die Volleinspannmomente nach

Gl. (16)
$$M^*_{BD} = -2 \cdot K_{BD} = -2 \cdot 4{,}58 = -9{,}16 \text{ dm}^3$$
$$M^*_{DB} = -K_{BD} \qquad\qquad = -4{,}58 \text{ dm}^3$$

für die der Ausgleich durchzuführen ist.

$0{,}00^*$	$-0{,}1643$	$\begin{array}{c}B\\-9{,}16\end{array}$	$-0{,}2125$	$-9{,}16^*$	$-4{,}58^*$	$-0{,}2125$	$\begin{array}{c}D\\-4{,}58\end{array}$	$-0{,}1643$	$0{,}00^*$
		$-0{,}1232$					$-0{,}1232$		
$+1{,}505$		$+1$ | 128		$+1{,}947$	$+0{,}560$		$+0{,}$ | 324		$+0{,}433$
$+1{,}413$		$+1{,}$ | 059		$+1{,}828$	$+0{,}585$		$+0{,}$ | 339		$+0{,}452$
$+1{,}409$		$+1{,}$ | 056		$+1{,}822$	$+0{,}586$		$+0{,}$ | 340		$+0{,}453$
$+1{,}409$		$+1{,}$ | 056		$+1{,}822$	$+2{,}408$		$+0{,}$ | 340		$+0{,}453$
$+1{,}409$		$+1{,}$ | 056		$+2{,}408$					
$\boxed{+2{,}818}$		$\boxed{+2{,}112}$		$\boxed{-4{,}930}$	$\boxed{-1{,}586}$		$\boxed{+0{,}680}$		$\boxed{+0{,}906}$

Die Biegelinie des Riegels $A-B-D-F$ ergibt sich nunmehr nach Mohr als $\mathfrak{M}/(E \cdot I)$-Linie infolge dieser Momentenflächenbelastung, wobei die Vorzeichen wieder nach dem Biegesinn umzuändern sind. Da der erteilte Knickwinkel nicht die Größe -1 sondern $-1/(2 \cdot E)$ hat, müssen die Biegelinienordinaten noch mit $2 \cdot E$ multipliziert werden, um die EL-Ordinaten zu erhalten. Nach Zi. 2.2.1. und Gl. (17) wird

$$\delta \triangleq \eta = \frac{\mathfrak{M}}{E \cdot I} \cdot 2 \cdot E = \frac{M \cdot l^2}{3 \cdot I} \cdot \omega_D = \frac{M \cdot l}{3 \cdot K} \cdot \omega_D = Z \cdot \omega_D \quad \text{bzw.} \quad Z \cdot \omega'_D$$

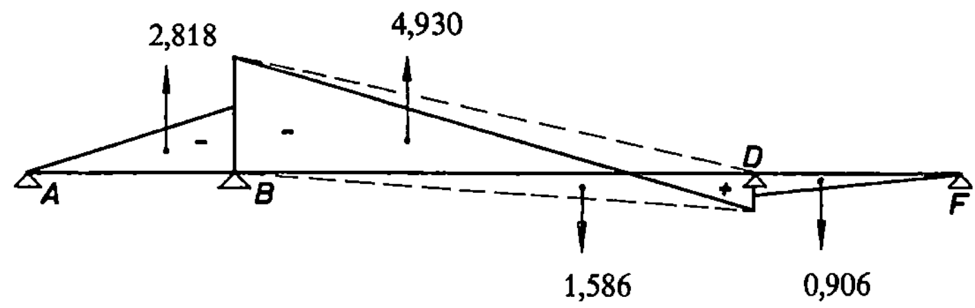

M	dm³	$-2{,}818$		$-4{,}930$	$+1{,}586$		$+0{,}906$
l	m	23,50		31,50	31,50		23,50
$K = I/l$	dm³	4,72		4,58	4,58		4,72
$Z = M \cdot l/(3 \cdot K)$	m	$-4{,}677$		$-11{,}302$	$+3{,}636$		$+1{,}504$

ω_D	ω'_D	i	$\eta = Z_1 \cdot \omega_D$	i	$Z_2 \cdot \omega'_D$	$Z_3 \cdot \omega_D$	η	i	$\eta = Z_4 \cdot \omega'_D$
0	0	0	0	10	0	0	0	20	0
0,099	0,171	1	$-0{,}463$	11	$-1{,}933$	$+0{,}360$	$-1{,}573$	21	$+0{,}257$
0,192	0,288	2	$-0{,}898$	12	$-3{,}255$	$+0{,}698$	$-2{,}557$	22	$+0{,}433$
0,273	0,357	3	$-1{,}277$	13	$-4{,}035$	$+0{,}993$	$-3{,}042$	23	$+0{,}537$
0,336	0,384	4	$-1{,}571$	14	$-4{,}340$	$+1{,}222$	$-3{,}118$	24	$+0{,}577$
0,375	0,375	5	$-1{,}754$	15	$-4{,}238$	$+1{,}364$	$-2{,}874$	25	$+0{,}564$
0,384	0,336	6	$-1{,}796$	16	$-3{,}797$	$+1{,}396$	$-2{,}401$	26	$+0{,}505$
0,357	0,273	7	$-1{,}670$	17	$-3{.}085$	$+1{,}298$	$-1{,}787$	27	$+0{,}411$
0,288	0,192	8	$-1{,},347$	18	$-2{,}170$	$+1{,}047$	$-1{,}123$	28	$+0{,}289$
0,171	0,099	9	$-0{,}800$	19	$-1{,}119$	$+0{,}622$	$-0{,}497$	29	$+0{,}149$
0	0	10	0	20	0	0	0	30	0

4. EL „M_{Bl}"

Gelenk und Knickstelle liegen jetzt links von der Stütze B am rechten Ende des ersten Feldes (Bild 101 c). Das Volleinspannmoment wird mit $x = l_1$ und $x' = 0$ nach

Gl. (17):
$$M^*_{BA} = +2 \cdot K'_{BA} = +2 \cdot 3{,}54 = 7{,}08 \ \text{dm}^3$$

für das durch Ausgleich die Stabmomente ermittelt werden.

$+7{,}08^*$	$-0{,}1643$	**B** $+7{,}08$	$-0{,}2125$	$0{,}00^*$	$0{,}00^*$	$-0{,}2125$	**D** $0{,}0$	$-0{,}1643$	$0{,}00^*$
		$-0{,}1232$					$-0{,}1232$		
$-1{,}163$		$-0\ |\ 872$		$-1{,}505$	$+0{,}320$		$+0,\ |\ 185$		$+0{,}247$
$-1{,}216$		$-0,\ |\ 912$		$-1{,}572$	$+0{,}334$		$+0,\ |\ 194$		$+0{,}258$
$-1{,}218$		$-0,\ |\ 913$		$-1{,}576$	$+0{,}335$		$+0,\ |\ 194$		$+0{,}259$
$-1{,}218$		$-0,\ |\ 914$		$-1{,}576$	$-1{,}241$		$+0,\ |\ 194$		$+0{,}259$
$-1{,}218$		$-0,\ |\ 914$		$-1{,}241$					
$+4{,}644$		$-1{,}828$		$-2{,}817$	$-0{,}906$		$+0{,}388$		$+0{,}518$

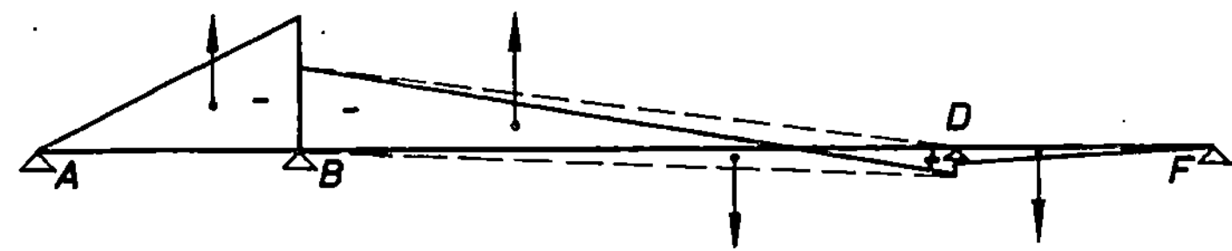

M	dm³	$-4{,}644$	$-2{,}817$	$+0{,}906$	$+0{,}518$
l	m	$23{,}50$	$31{,}50$	$31{,}50$	$23{,}50$
K	dm³	$4{,}72$	$4{,}58$	$4{,}58$	$4{,}72$
$Z = M \cdot l/(3 \cdot K)$	m	$-7{,}707$	$-6{,}458$	$+2{,}077$	$+0{,}860$

ω_D	ω'_D	i	$\eta = Z_1 \cdot \omega_D$	i	$Z_2 \cdot \omega'_D$	$Z_3 \cdot \omega_D$	η	i	$\eta = Z_4 \cdot \omega'_D$
0	0	0	0	10	0	0	0	20	0
0,099	0,171	1	$-0{,}763$	11	$-1{,}104$	$+0{,}206$	$-0{,}898$	21	$+0{,}147$
0,192	0,288	2	$-1{,}480$	12	$-1{,}860$	$+0{,}399$	$-1{,}461$	22	$+0{,}248$
0,273	0,357	3	$-2{,}104$	13	$-2{,}306$	$+0{,}567$	$-1{,}739$	23	$+0{,}307$
0,336	0,384	4	$-2{,}590$	14	$-2{,}480$	$+0{,}698$	$-1{,}782$	24	$+0{,}330$
0,375	0,375	5	$-2{,}890$	15	$-2{,}422$	$+0{,}779$	$-1{,}643$	25	$+0{,}322$
0,384	0,336	6	$-2{,}959$	16	$-2{,}170$	$+0{,}798$	$-1{,}372$	26	$+0{,}289$
0,357	0,273	7	$-2{,}751$	17	$-1{,}763$	$+0{,}741$	$-1{,}022$	27	$+0{,}235$
0,288	0,192	8	$-2{,}220$	18	$-1{,}240$	$+0{,}598$	$-0{,}642$	28	$+0{,}165$
0,171	0,099	9	$-1{,}318$	19	$-0{,}639$	$+0{,}355$	$-0{,}284$	29	$+0{,}085$
0	0	10	0	20	0	0	0	30	0

5. EL „M_{14}"

Da das Tragwerk symmetrisch ist, muß EL „M_{Bl}" spiegelbildlich zu EL „M_{Dr}" und EL „M_{Br}" spiegelbildlich zu EL „M_{Dl}" sein; daher können jetzt alle übrigen EL des Riegels durch Überlagerung bestimmt werden. Es ist nach

Gl. (1,8/Teil 3):
$$M_{14} = M_{14,0} + x_{14} \cdot M_{Dl}/l_2 + x'_{14} \cdot M_{Br}/l_2$$

Hier soll aber die Anwendung des Verfahrens nach Kani für einen Feldquerschnitt gezeigt werden. Bei $x_{14} = 12{,}60$ m bzw. $x'_{14} = 18{,}90$ m wiederholt sich der Vorgang mit Gelenkeinschaltung, Knickwinkelerteilung durch ein negatives Doppelmoment (Bild 101 d) und Wiederherstellung der biegesteifen Verbindung. Die zugehörigen Volleinspannmomente betragen nach

Gl. (16):
$$M^*_{BD} = -K_{BD} \cdot (3 \cdot x'_{14}/l_2 - 1) = -4{,}58 \cdot (3 \cdot 18{,}90/31{,}50 - 1) = -3{,}664 \text{ dm}^3$$
$$M^*_{DB} = +K_{DB} \cdot (3 \cdot x_{14}/l_2 - 1) = +4{,}58 \cdot (3 \cdot 12{,}60/31{,}50 - 1) = +0{,}916 \text{ dm}^3$$

110

Der Ausgleich ergibt im Riegel folgende Stabendmomente:

0,00*	$-0{,}1643$	B $-3{,}664$	$-0{,}2125$	$-3{,}664*$	$+0{,}916*$	$-0{,}2125$	D $+0{,}916$	$-0{,}1643$	0,00*
		$-0{,}1232$					$-0{,}1232$		

$+0{,}602$	$+0$	451	$+0{,}779$	$-0{,}360$	$-0{,}$	209	$-0{,}278$
$+0{,}661$	$+0{,}$	496	$+0{,}855$	$-0{,}376$	$-0{,}$	218	$-0{,}291$
$+0{,}664$	$+0{,}$	498	$+0{,}858$	$-0{,}377$	$-0{,}$	219	$-0{,}291$
$+0{,}664$	$+0{,}$	498	$+0{,}859$				
$+0{,}664$	$+0{,}$	498	$+0{,}482$	$+0{,}482$	$-0{,}$	219	$-0{,}291$

$+1{,}328$	$+0{,}996$	$-2{,}323$	$+1{,}021$	$-0{,}438$	$-0{,}582$

Wird jetzt der Riegel $A-B-D-F$ mit der $2\cdot E$-fachen Momentenfläche belastet, so ist zusätzlich im Schnittfeld auch noch jener Anteil zu berücksichtigen, der von der Knickerteilung des zunächst frei drehbar gedachten Feldes herrührt und der mit der EL „$M_{14,0}$" eines Trägers $B-D$ auf zwei Stützen übereinstimmt. Den Verlauf der EL „M_{14}" zeigt Bild 103.

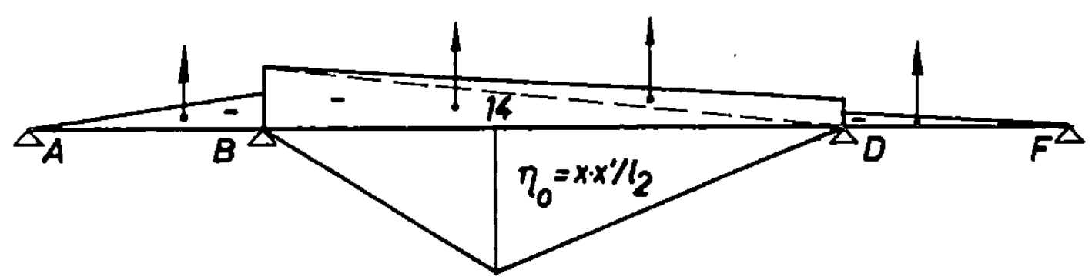

M	dm^3	$-1{,}328$		$-2{,}323$	$-1{,}021$		$-0{,}582$
l	m	23,50		31,50	31,50		23,50
K	dm^3	4,72		4,58	4,58		4,72
Z	m	$-2{,}204$		$-5{,}326$	$-2{,}341$		$-0{,}966$

ω_D	ω_D'	i	$Z_1\cdot\omega_D$	i	η_0	$Z_2\cdot\omega_D'$	$Z_3\cdot\omega_D$	η	i	$Z_4\cdot\omega_D'$
0	0	0	0	10	0	0	0	0	20	0
0,099	0,171	1	$-0{,}218$	11	$+1{,}890$	$-0{,}911$	$-0{,}232$	$+0{,}747$	21	$-0{,}165$
0,192	0,288	2	$-0{,}423$	12	$+3{,}780$	$-1{,}534$	$-0{,}449$	$+1{,}797$	22	$-0{,}278$
0,273	0,357	3	$-0{,}602$	13	$+5{,}670$	$-1{,}901$	$-0{,}639$	$+3{,}130$	23	$-0{,}345$
0,336	0,384	4	$-0{,}740$	14	$+7{,}560$	$-2{,}045$	$-0{,}787$	$+4{,}728$	24	$-0{,}371$
0,375	0,375	5	$-0{,}826$	15	$+6{,}300$	$-1{,}997$	$-0{,}878$	$+3{,}425$	25	$-0{,}362$
0,384	0,336	6	$-0{,}846$	16	$+5{,}040$	$-1{,}789$	$-0{,}899$	$+2{,}352$	26	$-0{,}325$
0,357	0,273	7	$-0{,}787$	17	$+3{,}780$	$-1{,}454$	$-0{,}836$	$+1{,}490$	27	$-0{,}264$
0,288	0,192	8	$-0{,}635$	18	$+2{,}520$	$-1{,}023$	$-0{,}674$	$+0{,}823$	28	$-0{,}185$
0,171	0,099	9	$-0{,}377$	19	$+1{,}260$	$-0{,}527$	$-0{,}400$	$+0{,}333$	29	$-0{,}096$
0	0	10	0	20	0	0	0	0	30	0

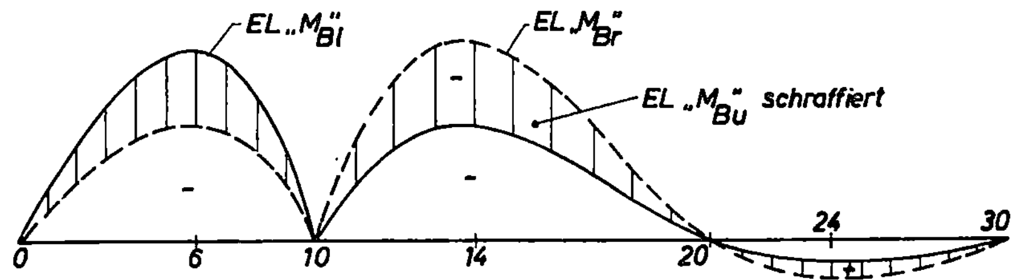

Bild 102. Die EL für die Stützenmomente M_B.

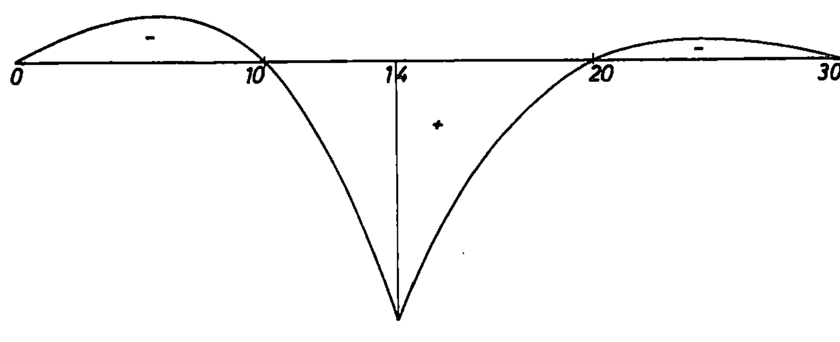

Bild 103. EL „M_{14}".

6. Auswertung der EL

Die Einflußlinien für die beiden Stützenmomente M_{Bl} und M_{Br} sind in Bild 102 aufgetragen; da $M_{Bu} = M_{Br} - M_{Bl}$ ist, stellt die schraffierte Fläche die EL „M_{Bu}" dar.

Für eine gleichmäßig verteilte Belastung von $q = 3{,}0$ kN/m können die Stützenmomente schnell berechnet werden, da der Flächeninhalt der EL nach

Gl. (18): $$A = Z \cdot l/4$$

$M_{Br} = 3{,}0 \cdot (-4{,}677) \cdot 23{,}50/4 + 3{,}0 \cdot (-11{,}302 + 3{,}636) \cdot 31{,}5/4 + 3{,}0 \cdot 1{,}504 \cdot 23{,}5/4$

$M_{Br} = -82{,}4 - 181{,}1 + 26{,}5 = -237{,}0$ kN m

$M_{Bl} = 3{,}0 \cdot (-7{,}707) \cdot 23{,}50/4 + 3{,}0 \cdot (-6{,}458 + 2{,}077) \cdot 31{,}50/4 + 3{,}0 \cdot 0{,}860 \cdot 23{,}5/4$

$M_{Bl} = -135{,}8 - 103{,}5 + 15{,}2 = -224{,}1$ kN m   (vgl. Beispiel 101/Teil 3).

Beispiel $\boxed{49}$

Für das Strebenfachwerk mit unten liegender Fahrbahn sind die Einflußlinien für die als statische Unbekannte gewählte Stabkraft $S\,20$, für die Lagerkräfte sowie für die Stabkräfte $S\,5$, $S\,6$ und $S\,8$ zu berechnen und aufzuzeichnen.

Das gegebene Fachwerk ist einfach statisch unbestimmt und wird durch Entfernen des Stabes $S\,20$ in ein statisch bestimmtes GS, einen Fachwerk-Gelenkträger nach Bild 104 b (vgl. Beispiel 32) umgewandelt, wobei für die Überzählige die Gleichung gilt

$$X_1 \triangleq S\,20 = -\delta_{1i}/\delta_{11} \doteq -\delta_{i1}/\delta_{11}$$

112

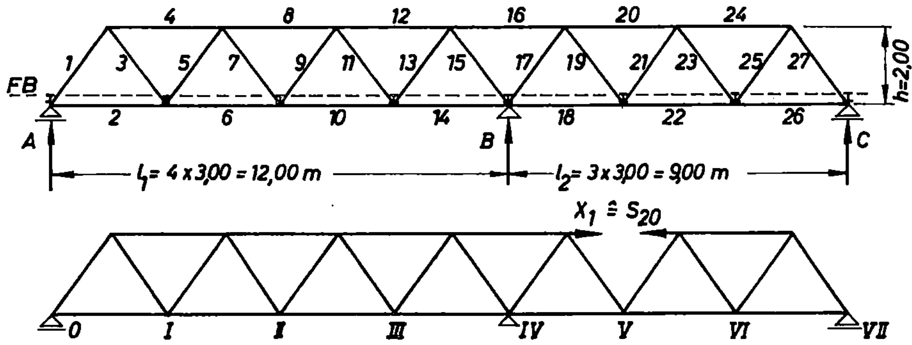

Bild 104. Strebenfachwerk und statisch bestimmtes GS.

Die gegenseitige Verschiebung δ_{11} der Stabenden von $S\,20$ infolge $X_1 = 1$ im GS bleibt von der rollenden Last unbeeinflußt und ergibt sich tabellarisch aus dem Arbeitssatz nach

Gl. (7,34/Teil 3):
$$E \cdot A_c \cdot \delta_{11} = \Sigma\,\bar{S} \cdot S_1 \cdot A_c / A \cdot s$$

Diese Berechnung ist in den Spalten 1 bis 7 ähnlich wie in den Beispielen 91 und 92 im Teil 3 durchgeführt, wobei zu beachten ist, daß die Stabkräfte $\bar{S}$ infolge der beiden virtuellen Einzellasten $\bar{P} = 1$ und die Stabkräfte S_1 infolge X_1 übereinstimmen. Ihre Größen, in Spalte 2 der Tabelle zusammengestellt, werden zweckmäßig nach GL. (11) mit dem in Bild 105 aufgetragenen Q- und M-Verlauf rechnerisch ermittelt.

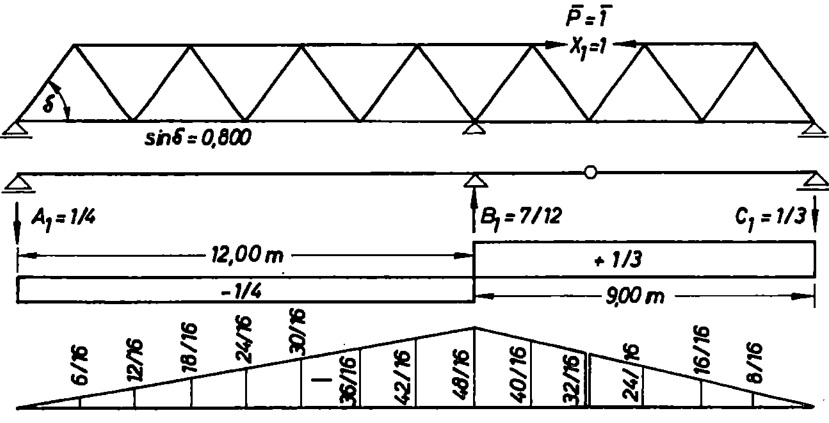

Bild 105. Q- und M-Verlauf am Ersatzträger infolge $X_1 = 1$.

Dagegen ist die gegenseitige Verschiebung δ_{1i} der beiden Stabenden von $S\,20$ im GS infolge einer rollenden Last $P = 1$ in den verschiedenen Lastangriffspunkten i veränderlich und, da nach dem Satz von Maxwell $\delta_{1i} = \delta_{i1}$ ist, nichts anderes als die Durchbiegung

113

an jedem Lastangriffspunkt infolge der örtlich festen Größe $X_1 = 1$. Die EL für die statische Unbekannte $S\,20$ ist daher die Biegelinie des Lastgurtes infolge $X_1 = 1$ am GS

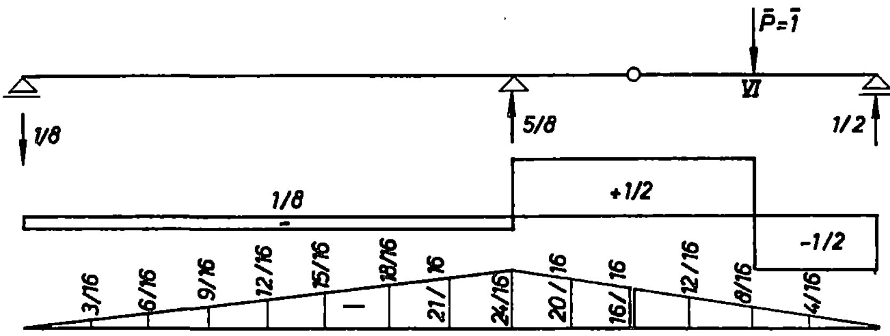

Bild 106. Q- und M-Verlauf am Ersatzträger infolge $\bar{P} = \bar{1}$ in VI.

Stab	$\bar{S} = S_1$	A	A_c/A	s	$S_1 \cdot A_c/A \cdot s$	$\bar{S} \cdot S_1 \cdot A_c/A \cdot s$	$\bar{S}_I$	$\bar{S}_I \cdot S_1 \cdot A_c/A \cdot s$
1	2	3	4	5	6	7	8	9
1	+ 5/16	55	6/11	2,50	+ 0,4261	0,1332	− 15/16	− 0,3996
2	− 3/16	45	2/3	3,00	− 0,3750	0,0703	+ 9/16	− 0,2109
3	− 5/16	45	2/3	2,50	− 0,5208	0,1628	+ 15/16	− 0,4884
4	+ 3/8	60	1/2	3,00	+ 0,5625	0,2109	− 9/8	− 0,6327
5	+ 5/16	45	2/3	2,50	+ 0,5208	0,1628	+ 5/16	+ 0,1628
6	− 9/16	65	6/13	3,00	− 0,7788	0,4381	+ 15/16	− 0,7301
7	− 5/16	30	1	2,50	− 0,7812	0,2441	− 5/16	+ 0,2441
8	+ 3/4	75	2/5	3,00	+ 0,9000	0,6750	− 3/4	− 0,6750
9	+ 5/16	30	1	2,50	+ 0,7812	0,2441	+ 5/16	+ 0,2441
10	− 15/16	105	2/7	3,00	− 0,8036	0,7533	+ 9/16	− 0,4520
11	− 5/16	30	1	2,50	− 0,7812	0,2441	− 5/16	+ 0,2441
12	+ 9/8	90	1/3	3,00	+ 1,1250	1,2656	− 3/8	− 0,4219
13	+ 5/16	45	2/3	2,50	+ 0,5208	0,1628	+ 5/16	+ 0,1628
14	− 21/16	105	2/7	3,00	− 1,1250	1,4766	+ 3/16	− 0,2109
15	− 5/16	55	6/11	2,50	− 0,4261	0,1332	− 5/16	+ 0,1332
16	+ 3/2	90	1/3	3,00	+ 1,5000	2,2500		
17	− 5/12	55	6/11	2,50	− 0,5682	0,2367		
18	− 5/4	105	2/7	3,00	− 0,2143	0,2679		
19	+ 5/12	45	2/3	2,50	+ 0,6944	0,2893		
20		75		3,00				
21	− 5/12	30	1	2,50	− 1,0417	0,4340		
22	− 3/4	65	6/13	3,00	− 1,0385	0,7789		
23	+ 5/12	30	1	2,50	+ 1,0417	0,4340		
24	+ 1/2	60	1/2	3,00	+ 0,7500	0,3750		
25	− 5/12	45	2/3	2,50	− 0,6944	0,2893		
26	− 1/4	45	2/3	3,00	− 0,5000	0,1250		
27	+ 5/12	55	6/11	2,50	+ 0,5682	0,2367		
$E \cdot A_c \cdot \delta_{11}$						12,0937		
$E \cdot A_c \cdot \delta_{i1}$								− 3,0304

multipliziert mit $- 1/\delta_{11}$, die entweder mit Hilfe der elastischen Gewichte (*W*-Gewichte) oder aber hier einfacher mittels des Arbeitssatzes bestimmt werden kann. Danach sind nacheinander in den Lastangriffspunkten I bis III, V und VI virtuelle Lasten $\bar{P} = \bar{1}$ anzubringen und für jeden Lastfall alle Stabkräfte rechnerisch zu bestimmen (Spalten 8, 10, 12, 14 und 16); für die Last in VI ist der Q- und M-Verlauf in Bild 106 dargestellt. Durch Multiplikation dieser Stabkräfte mit den Werten der Spalte 6 und nachfolgender Summierung ergeben sich die Durchbiegungen δ_{i1} in $E \cdot A_c$-facher Größe.

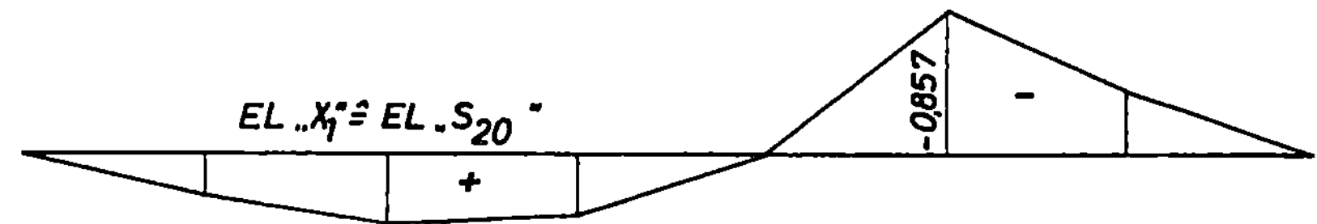

Bild 107. Die EL für die statische Unbekannte S_{20}.

$\bar{S}_{II}$	$\bar{S}_{II} \cdot S_1 \cdot A_c/A \cdot s$	$\bar{S}_{III}$	$S_{III} \cdot S_1 \cdot A_c/A \cdot s$	$\bar{S}_V$	$\bar{S}_V \cdot S_1 \cdot A_c/A \cdot s$	$\bar{S}_{VI}$	$\bar{S}_{VI} \cdot S_1 \cdot A_c/A \cdot s$
10	11	12	13	14	15	16	17
− 5/8	− 0,2664	− 5/16	− 0,1332	+ 5/16	+ 0,1332	+ 5/32	
+ 3/8	− 0,1406	+ 3/16	− 0,0703	− 3/16	+ 0,0703	− 3/32	
+ 5/8	− 0,3256	+ 5/16	− 0,1628	− 5/16	+ 0,1628	− 5/32	
− 3/4	− 0,4218	− 3/8	− 0,2109	+ 3/8	+ 0,2109	+ 3/16	
− 5/8	− 0,3256	− 5/16	− 0,1628	+ 5/16	+ 0,1628	+ 5/32	
+ 9/8	− 0,8762	+ 9/16	− 0,4381	− 9/16	+ 0,4381	− 9/32	
+ 5/8	− 0,4882	+ 5/16	− 0,2441	− 5/16	+ 0,2441	− 5/32	
− 3/2	− 1,3500	− 3/4	− 0,6750	+ 3/4	+ 0,6750	+ 3/8	$= 1/2 \cdot \Sigma \bar{S}_V \cdot S_1 \cdot A_c/A \cdot s$
+ 5/8	+ 0,4882	− 5/16	− 0,2441	+ 5/16	+ 0,2441	+ 5/32	
+ 9/8	− 0,9040	+ 15/16	− 0,7533	− 15/16	+ 0,7533	− 15/32	
− 5/8	+ 0,4882	+ 5/16	− 0,2441	− 5/16	+ 0,2441	− 5/32	
− 3/4	− 0,8438	− 9/8	− 1,2656	+ 9/8	+ 1,2656	+ 9/16	
+ 5/8	+ 0,3256	+ 15/16	+ 0,4884	+ 5/16	+ 0,1628	+ 5/32	
+ 3/8	− 0,4219	+ 9/16	− 0,6328	− 21/16	+ 1,4766	− 21/32	
− 5/8	+ 0,2664	− 15/16	+ 0,3996	− 5/16	+ 0,1332	− 5/32	
				+ 3/2	+ 2,2500	+ 3/4	
				− 5/4	+ 0,7102	− 5/8	
				− 3/4	+ 0,1607	− 3/8	
				+ 5/4	+ 0,8680	+ 5/8	
							+ 5,1829
						− 5/8	+ 0,6511
						+ 3/8	− 0,3894
						+ 5/8	+ 0,6511
						− 3/4	− 0,5625
						+ 5/8	− 0,4340
						+ 3/8	− 0,1875
						− 5/8	− 0,3551
	− 4,7956		− 4,3491		+ 10,3658		+ 4,5566

115

In der letzten Tabelle werden dann diese Werte durch $E \cdot A_c \cdot \delta_{11} = 12{,}094$ dividiert, wodurch die Ordinaten der EL „X_1" $\hat{=}$ EL „$S\,20$" (Bild 111) bekannt sind.
Alle übrigen EL bestimmen sich sodann durch Überlagerung nach

Gl. (14):
$$S = S_0 + X_1 \cdot S_1$$

also
$$A = A_0 + X_1 \cdot A_1 \qquad\qquad S\,5 = S\,5_0 + X_1 \cdot S\,5_1$$
$$B = B_0 + X_1 \cdot B_1 \qquad\qquad S\,6 = S\,6_0 + X_1 \cdot S\,6_1$$
$$C = C_0 + X_1 \cdot C_1 \qquad\qquad S\,8 = S\,8_0 + X_1 \cdot S\,8_1$$

tabellarisch in der letzten Tabelle und sind in Bild 108 dargestellt.

Kraft \ Punkt	0	I	II	III	IV	V	VI	VII
$\delta_{1i} = \delta_{i1}$	0	$-3{,}030$	$-4{,}796$	$-4{,}349$	0	$+10{,}366$	$+4{,}557$	0
$X_1 = -\delta_{i1}/\delta_{11}$	0	$+0{,}251$	$+0{,}396$	$+0{,}360$	0	$-0{,}857$	$-0{,}377$	0
A_0	1,0	$+0{,}750$	$+0{,}500$	$+0{,}250$	0	$-0{,}250$	$-0{,}125$	0
$X_1 \cdot A_1$	0	$-0{,}063$	$-0{,}099$	$-0{,}090$	0	$+0{,}214$	$+0{,}094$	0
A	1,0	$+0{,}687$	$+0{,}401$	$+0{,}160$	0	$-0{,}036$	$-0{,}031$	0
B_0	0	$+0{,}250$	$+0{,}500$	$+0{,}750$	1,0	$+1{,}250$	$+0{,}625$	0
$X_1 \cdot B_1$	0	$+0{,}146$	$+0{,}231$	$+0{,}201$	0	$-0{,}500$	$-0{,}220$	0
B	0	$+0{,}396$	$+0{,}731$	$+0{,}951$	1,0	$+0{,}750$	$+0{,}405$	0
C_0	0	0	0	0	0	0	$+0{,}500$	1,0
$X_1 \cdot C_1$	0	$-0{,}084$	$-0{,}132$	$-0{,}120$	0	$+0{,}286$	$+0{,}126$	0
C	0	$-0{,}084$	$-0{,}132$	$-0{,}120$	0	$+0{,}286$	$+0{,}626$	1,0
$S\,5_0$	0	$+0{,}312$	$-0{,}625$	$-0{,}312$	0	$+0{,}312$	$+0{,}156$	0
$X_1 \cdot S\,5_1$	0	$+0{,}078$	$+0{,}124$	$+0{,}112$	0	$-0{,}268$	$-0{,}118$	0
$S\,5$	0	$+0{,}390$	$-0{,}501$	$-0{,}200$	0	$+0{,}044$	$+0{,}038$	0
$S\,6_0$	0	$+0{,}938$	$+1{,}125$	$+0{,}562$	0	$-0{,}562$	$-0{,}281$	0
$X_1 \cdot S\,6_1$	0	$-0{,}141$	$-0{,}223$	$-0{,}202$	0	$+0{,}482$	$+0{,}212$	0
$S\,6$	0	$+0{,}797$	$+0{,}902$	$+0{,}360$	0	$-0{,}080$	$-0{,}069$	0
$S\,8_0$	0	$-0{,}750$	$-1{,}500$	$-0{,}750$	0	$+0{,}750$	$+0{,}375$	0
$X_1 \cdot S\,8_1$	0	$+0{,}188$	$+0{,}297$	$+0{,}270$	0	$-0{,}643$	$-0{,}283$	0
$S\,8$	0	$-0{,}562$	$-1{,}203$	$-0{,}480$	0	$+0{,}107$	$+0{,}092$	0

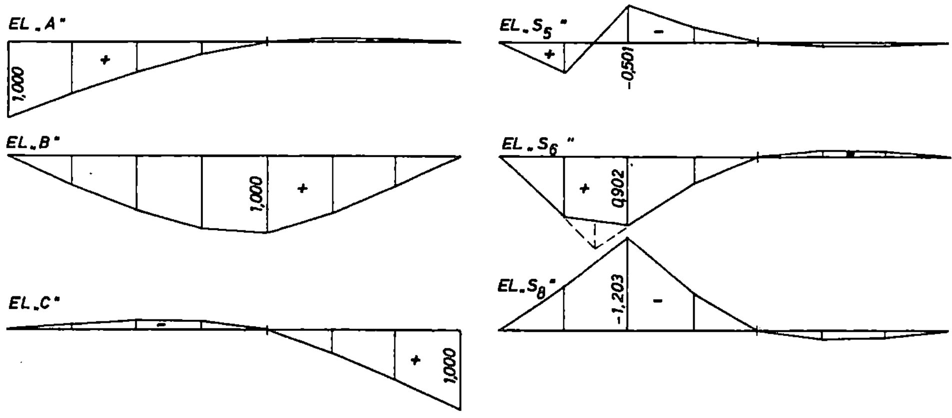

Bild 108. Einflußlinien für das Strebenfachwerk.

Beispiel 50

Für den dreifeldrigen Hauptträger einer zweigleisigen Eisenbahnbrücke mit Regelspur und durchgehendem Schotterbett sowie den Stützweiten $l_1 = l_3 = 16{,}00$ m und $l_2 = 24{,}00$ m ist festzustellen, ob im Querschnitt 5 bei $x = 8{,}00$ m das vereinfachte Lastbild UIC 71 oder das Lastbild SW die ungünstigsten Grenzwerte des Biegemomentes M_5 bewirkt.

1. Ordinaten der EL „M_5"

Bei dem gegebenen Stützweitenverhältnis $l_1 : l_2 : l_3 = 1 : 1{,}5 : 1$ und dem verlangten Schnitt bei $5 \cdot l_1/10$ können die Ordinaten der Einflußlinien in den Zehntelpunkten aller drei Felder aus dem Tabellenwerk von Zellerer (vgl. Seite 125) entnommen werden. Alle dort für den Punkt 5 angegebenen Tabellenwerte TW beziehen sich auf $l_1 = 1$ m und müssen daher mit der vorliegenden Stützweite $l_1 = 16{,}0$ m multipliziert werden, also $\eta_i = \mathrm{TW} \cdot 16{,}00$.

Feld 1			Feld 2			Feld 3		
i	TW	η_i	i	TW	η_i	i	TW	η_i
0	0	0	10	0	0	20	0	0
1	0,0391	0,6256	11	− 0,0349	− 0,5584	21	0,0056	0,0896
2	0,0789	1,2684	12	− 0,0570	− 0,9120	22	0,0095	0,1520
3	0,1200	1,9200	13	− 0,0680	− 1,0880	23	0,0118	0,1888
4	0,1631	2,6096	14	− 0,0700	− 1,1200	24	0,0127	0,2032
5	0,2088	3,3408	15	− 0,0649	− 1,0384	25	0,0124	0,1984
6	0,1578	2,5248	16	− 0,0546	− 0,8736	26	0,0111	0,1776
7	0,1108	1,7728	17	− 0,0410	− 0,6560	27	0,0090	0,1440
8	0,0684	1,0944	18	− 0,0261	− 0,4176	28	0,0063	0,1008
9	0,0312	0,4992	19	− 0,0118	− 0,1888	29	0,0033	0,0528
10	0	0	20	0	0	30	0	0

2. Auswertung für das vereinfachte Lastbild UIC 71

Nach Abs. 39 der DS 804 dürfen für Haupttragglieder von Brücken mit durchgeführtem Schotterbett die Einzellasten (vgl. Bild 28.2, DS 804) durch eine Streckenlast von

$$4 \cdot 250/6{,}40 = 156{,}25 = 156 \text{ kN/m} \quad \text{(abgerundet)}$$

nach Bild 109 ersetzt werden, falls, wie hier vorliegend, die zusammenhängende Einflußfläche gleichen Vorzeichens mindestens 10 m lang ist. Zur Ermittlung der Schnitt- und Stützgrößen bleiben entlastend wirkende Teile des Lastbildes unberücksichtigt.

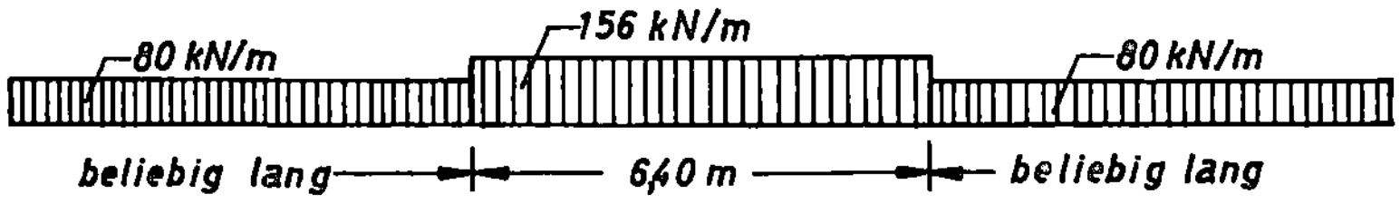

Bild 109. Vereinfachtes Lastbild UIC 71.

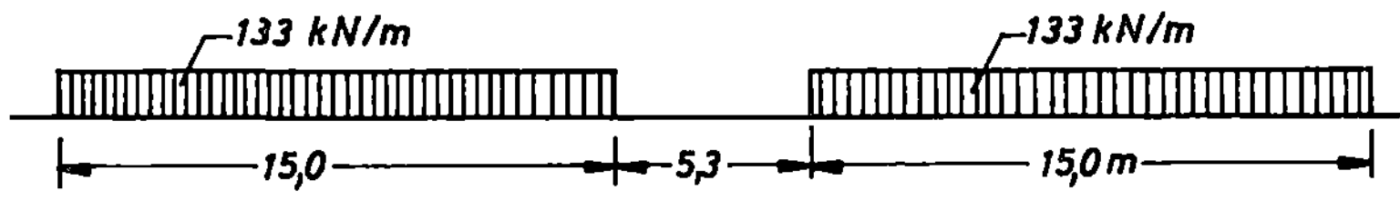

Bild 110. Lastbild SW, nicht teilbar, nicht kürzbar.

Der **positive** Grenzwert für M_{Sp} ergibt sich für die in Bild 111 b dargestellte Laststellung, wobei bei einer zweigleisigen Brücke ein Hauptträger die **volle** Last aufzunehmen hat. Der Inhalt der Einflußfläche im Feld 1 kann von $i = 0$ bis $i = 3$ als Dreiecksfläche, von $i = 3$ bis $i = 7$ nach Gl. (19) und von $i = 7$ bis $i = 10$ als Differenz zwischen Dreiecks- und Parabelfläche berechnet werden, während im Feld 3 der Inhalt durch den entsprechenden Tabellenbeiwert (vgl. Beispiel 46) ermittelt wird.

$$
\begin{aligned}
\text{bis } i = \;\; 3: &\quad p_1 \cdot \eta_3 \cdot 4{,}80/2 &&= 80 \cdot \;\; 4{,}608 = \;\; 369 \text{ kN m}\\
\text{bis } i = \;\; 7: &\quad p_2 \cdot (\eta_3 + 4\eta_4 + 2\eta_5 + 4\eta_6 + \eta_7) \cdot 1{,}60/3 &&= 156 \cdot 16{,}486 = 2572 \text{ kN m}\\
\text{bis } i = 10: &\quad p_1 \cdot [\eta_7 \cdot 4{,}80/2 - 2/3 \cdot 4{,}80 \cdot (\eta_7/2 - 0{,}75)] &&= 80 \cdot \;\; 3{,}818 = \;\; 305 \text{ kN m}\\
\text{Feld 3:} &\quad p_1 \cdot \text{TW} \cdot l_1^2 &&= 80 \cdot \;\; 2{,}099 = \;\; 168 \text{ kN m}
\end{aligned}
$$

$$\max M_{Sp} = 3414 \text{ kN m}$$

Der **negative** Grenzwert ergibt sich aus der in Bild 111 d dargestellten Laststellung. Die Größe der ganzen Einflußfläche vom Feld 2 beträgt

$$A = \text{TW} \cdot l_1^2 = 0{,}0649 \cdot 16{,}00^2 = 16{,}61 \text{ m}^2$$

118

und die über der größeren Streckenlast mit 6,40 m Länge

$$A_1 = (\eta_{15} + 1,00) \cdot 6,40/2 + 2/3 \cdot (1,12 - 1,02) \cdot 6,40 \qquad = 6,96 \, \text{m}^2$$

Somit min $M_{5p} = -80 \cdot A - (156 - 80) \cdot A_1 = -80 \cdot 16,61 - 76 \cdot 6,96 = -1858 \, \text{kN m}$

3. Auswertung für den Lastenzug SW

Die Schnitt- und Stützgrößen sind nach Abs. 51 der DS 804 außerdem nach dem Lastbild SW (Bild 110) zu ermitteln, da Schwerlastwagen durch ihre besondere Lastanordnung bei Durchlaufträgern mit Stützweiten von 5 m bis 35 m größere Werte hervorrufen können. Da der Lastenzug SW nicht geteilt werden darf, ist für den positiven Grenzwert die Laststellung nach Bild 111 a maßgebend; das Feld 3 bleibt unbelastet und die Hälfte des Lastenzuges befindet sich außerhalb der Brücke. Die Größe der 15,00 m langen Einflußfläche bestimmt sich als Differenz der oben berechneten Fläche abzüglich der beiden kleinen Dreiecksflächen an den Feldenden.

$$A = (4,608 + 16,486 + 3,818) - (0,20 + 0,16) \cdot 0,50/2 = 24,82 \, \text{m}^2$$

und
$$M_{5p} = 133 \cdot 24,82 = 3301 < 3414 \, \text{kN m}$$

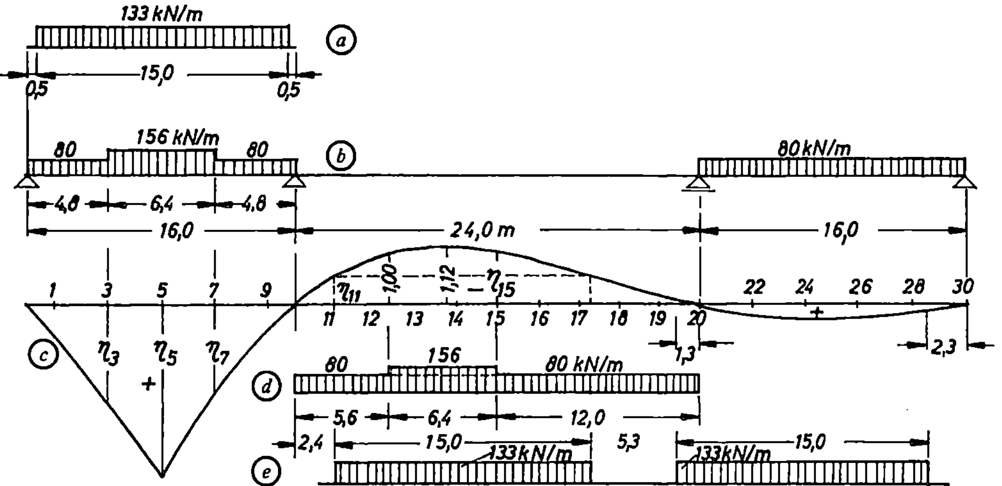

Bild 111 a–e. EL „M_5" mit ungünstigsten Laststellungen.

Für den negativen Grenzwert zeigt Bild 111 c die ungünstigste Stellung. Die entlastende Wirkung durch die Belastung des 3. Feldes muß berücksichtigt werden, da das Lastbild auch nicht gekürzt werden darf. Die Größen der Einflußflächen können wie unter 2 berechnet oder wie hier mit Planimeter ermittelt werden.

$$M_{5p} = 133 \cdot (-13,7 + 1,8) = -1583 < -1858 \, \text{kN m}$$

Ergebnis:

Der Lastenzug SW ergibt für M_5 k e i n e größeren Grenzwerte.

Beispiel 51

Für den zweifeldrigen, beiderseits eingespannten Träger mit konstantem Trägheitsmoment nach Bild 99 a sind zu berechnen und aufzutragen:

1. Die EL für das Einspannmoment M_A und für das Feldmoment M_{14} mittels des Iterationsverfahrens nach Kani.
2. Die EL „Q_4" mit Hilfe der Schnittkraftgleichung unter Verwendung der im Beispiel 47 ermittelten Werte.

Ergebnisse:

EL „M_A": $M^*_{AB} = 2 \cdot M^*_{BA} = -44{,}86$; $M_{AB} = -38{,}27$; $M_{BA} = -M_{BC} = -9{,}25$;

$M_{CB} = +4{,}62 \ \text{cm}^3$

Die η-Werte können bei Beispiel 47 verglichen werden.

EL „M_{14}": $M^*_{BC} = -12{,}56$; $M^*_{CB} = +3{,}14$; $M_{AB} = +3{,}69$; $M_{BA} = -M_{BC} = +7{,}38$;

$M_{CB} = +5{,}73 \ \text{cm}^3$

$\eta_2 = -0{,}037, \quad \eta_4 = -0{,}111, \quad \eta_6 = -0{,}166, \quad \eta_8 = -0{,}148,$

$\eta_{12} = +0{,}515, \quad \eta_{14} = +1{,}390, \quad \eta_{16} = +0{,}606, \quad \eta_{18} = +0{,}149.$

EL „Q_4": $\eta_2 = -0{,}076, \quad \eta_{4l} = -0{,}267, \quad \eta_6 = +0{,}479, \quad \eta_8 = +0{,}217,$

$\eta_{12} = -0{,}162, \quad \eta_{14} = -0{,}182, \quad \eta_{16} = -0{,}121, \quad \eta_{18} = -0{,}040.$

Formelsammlung

1. Grundlagen

(1a)	$A = \Sigma\, P_i \cdot \eta_i$	Auswertungsformeln für Lager- oder Schnittkräfte infolge von Einzellasten
(1b)	$B = p \cdot \Sigma\, \eta_i = p \cdot A_\eta$	gleichmäßig verteilte Streckenlast
(1c)	$Q_{xp} = p \cdot (+ A_1)$	gl. vert. Nutzlast (positiver Grenzwert)
	$Q_{xp} = p \cdot (- A_2)$	gl. vert. Nutzlast (negativer Grenzwert)
(1d)	$Q_{xg} = g \cdot (A_1 - A_2)$	gl. vert. ständige Last
(1e)	$M_{xp} = P \cdot \Sigma\, \eta_i + p \cdot A_\eta$	Einzellasten und gl. vert. Streckenlast

$$(2a) \quad \genfrac{}{}{0pt}{}{\max}{\min}\, Q_x = Q_{xg} + \varphi \cdot \genfrac{}{}{0pt}{}{\max}{\min}\, Q_{xp}$$

$$(2b) \quad \genfrac{}{}{0pt}{}{\max}{\min}\, M_x = M_{xg} + \varphi \cdot \genfrac{}{}{0pt}{}{\max}{\min}\, M_{xp}$$

Schnittkraftgrenzwerte infolge Gesamtbelastung

2. und 3. Träger auf zwei Stützen und Gelenkträger

(3a)	$\eta = 1 \cdot \xi'/l$	EL-Ordinaten für eine linke Lagerkraft
(3b)	$\eta = 1 \cdot \xi/l$	EL-Ordinaten für eine rechte Lagerkraft
(4)	$\eta_r = + 1 \cdot \xi'/l$	EL „Q": Last rechts vom Schnitt
	$\eta_l = - 1 \cdot \xi/l$	Last links vom Schnitt
(5a)	$\eta_r = 1 \cdot x \cdot \xi'/l$	EL „M": Last rechts vom Schnitt
	$\eta_l = 1 \cdot x' \cdot \xi/l$	Last links vom Schnitt
(5b)	$\eta_x = 1 \cdot x \cdot x'/l$	Last im Schnitt, größte Ordinate
(6)	$\eta_c = \eta_l \cdot c'/\lambda + \eta_r \cdot c/\lambda$	EL-Ordinate bei mittelbarer Lasteintragung
(7a)	$A_1 = a^2/(2\,a + 2\,b)$	
	$A_2 = b^2/(2\,a + 2\,b)$	Inhalt von Einflußflächen
(7b)	$A = A_2 - A_1 = (b - a)/2$	

$$(7c) \quad s = a + \frac{\lambda \cdot |\eta_l|}{|\eta_l| + |\eta_r|}$$

Abstand des Lastscheidepunktes

$$(8a) \quad \max M_1 = R \cdot (l - c_1)^2/(4\,l)$$
$$\text{bei } x_m = (l - c_1)/2; \quad c_1 = P_2 \cdot c/R$$
$$(8b) \quad \max M_2 = R \cdot (l - c_2)^2/(4\,l)$$
$$\text{bei } x'_m = (l - c_2)/2; \quad c_2 = P_1 \cdot c/R$$

die beiden größten Momente bei zwei verschieden großen Einzellasten

$$(8c) \quad \max M = P \cdot (l - c/2)^2/(2\,l)$$
$$\text{bei } x_m = x'_m = l/2 - c/4$$

das größte Moment bei zwei gleich großen Einzellasten

4. Dreigelenkbögen und -rahmen

$$(9a) \quad A = A_0 = \Sigma\, P_i \cdot b_i/l$$
$$B = B_0 = \Sigma\, P_i \cdot a_i/l$$
$$(9b) \quad H = M_{c0}/f$$
$$(9c) \quad Q_x = Q_{x0} \cdot \cos\varphi - H \cdot \sin\varphi$$
$$(9d) \quad N_x = -Q_{x0} \cdot \sin\varphi - H \cdot \cos\varphi$$
$$(9e) \quad M_x = M_{x0} - H \cdot y$$

Lager- und Schnittkräfte am Dreigelenktragwerk mit gleich hoch liegenden Kämpfern

$$(10a) \quad A = A_0 + H \cdot \tan\alpha$$
$$B = B_0 - H \cdot \tan\alpha$$
$$(10b) \quad H = M_{c0}/f$$
$$(10c) \quad Q_x = Q_{x0} \cdot \cos\varphi - H \cdot \sin(\varphi - \alpha)/\cos\alpha$$
$$(10d) \quad N_x = -Q_{x0} \cdot \sin\varphi - H \cdot \cos(\varphi - \alpha)/\cos\alpha$$
$$(10e) \quad M_x = M_{x0} - H \cdot y$$

Lager- und Schnittkräfte am Dreigelenktragwerk mit ungleich hoch liegenden Kämpfern

5. Statisch bestimmte Fachwerke

Parallelfachwerkträger:

$$(11a) \quad O = -M_m/h$$
$$(11b) \quad U = +M_n/h$$

Gurtstabkräfte

$$(11c) \quad D_i = +Q_i/\sin\delta$$

fallende Diagonale

$$D_i = -Q_i/\sin\delta$$

steigende Diagonale

Vertikalstabkräfte bei

$$(11d) \quad V_i = -Q_{i-1}$$

fall. Diag., Fahrbahn oben

$$V_i = +Q_{i-1}$$

steig. Diag., Fahrbahn unten

$$V_i = -Q_i$$

fall. Diag., Fahrbahn unten

$$V_i = +Q_i$$

steig. Diag., Fahrbahn oben

geneigte Gurtungen:

(12a) $\qquad O = -M_m/(h_m \cdot \cos\alpha)$

(12b) $\qquad U = +M_n/(h_n \cdot \cos\beta)$ $\quad\Big\}$ Gurtstabkräfte

(12c) $\qquad D = M_m/(h_m \cdot \cos\delta) - M_n/(h_n \cdot \cos\delta)$ Ausfachungsstabkräfte

(12d) $\qquad D = \pm M_d/r_d = \pm A \cdot a_d/r_d$ Laststellung rechts

$\qquad\qquad D = \pm M_d/r_d = \pm B \cdot (a_d + l)/r_d$ Laststellung links

6. Statisch unbestimmte Tragwerke

(13) $\qquad X_1 = -\delta_{i1}/\delta_{11}$ Die EL der stat. Unbekannten

(14) $\qquad S_x = S_{x0} + X_1 \cdot S_{x1}$ Superpositionsgleichung

(15) $\qquad X_1 = -\delta_{i1}^{(n-1)}/\delta_{11}^{(n-1)}$ EL der stat. Unbekannten im HS

(16) $\qquad M_{ik}^* = -K \cdot (3 \cdot x'/l - 1)$
$\qquad\quad M_{ki}^* = +K \cdot (3 \cdot x/l - 1)$ $\Big\}$ Volleinspannmomente im Verfahren Kani

(17) $\qquad \eta_1 = M_{ik} \cdot l \cdot \omega_D'/(3\,K) = Z_i \cdot \omega_D'$
$\qquad\quad \eta_2 = M_{ki} \cdot l \cdot \omega_D/(3\,K) = Z_k \cdot \omega_D$ $\Big\}$ Ordinatenanteile im Verfahren Kani

(18) $\qquad A = Z \cdot l/4$ Flächeninhaltsanteil

(19) $\qquad A = \Delta x/3 \cdot (\eta_0 + 4\eta_1 + 2\eta_2 + \cdots$
$\qquad\qquad\quad + 2\eta_{n-2} + 4\eta_{n-1} + \eta_n)$ $\Big\}$ numerische Integration nach Simpson

Einige Formeln aus Teil 3

(1,3a) $\qquad \mathfrak{R} = P \cdot a \cdot b \cdot (l + a)/l^2$
$\qquad\qquad \mathfrak{L} = P \cdot a \cdot b \cdot (l + b)/l^2$ $\Big\}$ Belastungsglieder infolge Einzellast

(1,4a) $\qquad M_B = -\mathfrak{R}/2 - M_K/2$
(1,4b) $\qquad M_A = -\mathfrak{L}/2$ $\Big\}$ Einspannmomente des einseitig eingespannten Trägers

(1,5a) $\qquad M_A = -(2 \cdot \mathfrak{L} - \mathfrak{R})/3$
$\qquad\qquad M_B = -(2 \cdot \mathfrak{R} - \mathfrak{L})/3$ $\Big\}$ Einspannmomente des beiderseits eingespannten Trägers

(1,7a) $\qquad Q_x = Q_{x0} + (M_m - M_l)/l_l$
(1,7b) $\qquad Q_x = Q_{x0} + (M_r - M_m)/l_r$ $\Big\}$ Querkraft am Durchlaufträger

(1,8) $\qquad M_x = M_{x0} + M_l + x \cdot (M_m - M_l)/l_l$ Moment am Durchlaufträger

(7,33) $\qquad 1 \cdot \delta_m = \Sigma S \cdot \bar{S} \cdot s/(E \cdot A)$ Arbeitsgleichung für Fachwerke

Sach- und Namenverzeichnis

Literaturhinweise

1. *Graudenz*, Momenten-Einflußzahlen für Durchlaufträger mit beliebigen Stützweiten, 5. Auflage 1966
2. *Hirschfeld*, Baustatik, Theorie und Beispiele, 3. Aufl. 1969, 2. Nachdruck 1984
3. *Schneider*, Bautabellen, 7. Auflage 1986
4. *Stahleisen*, Stahl im Hochbau, Teil 1, 14. Aufl. 1983; Teil 2, 14. Aufl. 1985
5. *Wendehorst/Muth*, Bautechnische Zahlentafeln, 22. Aufl. 1985
6. *Zellerer*, Durchlaufträger, Schnittgrößen für Gleichlasten, 4. Aufl. 1978

Abkürzungen

BU	Belastungsumordnung		HT	Hauptträger
EL	Einflußlinie		LT	Längsträger
FB	Fahrbahn		QT	Querträger
FR	Fahrtrichtung		SLW	Schwerlastwagen
GS	stat. best Grundsystem		TW	Tabellenwert
H	Hinterräder		V	Vorderräder
HS	$(n-1)$-fach unbest. Hauptsystem		Zi.	Ziffer

Zusammenstellung der im Teil 4 vorkommenden DIN-Blätter[1]

DIN	Ausgabe	
1055 T3	06. 71	Lastannahmen für Bauten; Verkehrslasten
1072	12. 85	Straßen- und Wegbrücken; Lastannahmen
	12. 85	Beiblatt-Erläuterungen
1073	07. 74	Stählerne Straßenbrücken; Berechnungsgrundlagen
	07. 74	Beiblatt Erläuterungen
1074	08. 41	Holzbrücken; Berechnung und Ausführung
1075	04. 81	Betonbrücken; Bemessung und Ausführung
1076	03. 83	Ingenieurbauwerke im Zuge von Straßen und Wegen; Überwachung und Prüfung
1079	09. 70	Stählerne Straßenbrücken; Grundsätze für die bauliche Durchbildung
1080 T1	06. 76	Begriffe, Formelzeichen und Einheiten im Bauingenieurwesen; Grundlagen
T2	03. 80	–; Statik (insgesamt neun Teile)
1182	10. 71	Wirtschaftswegebrücken; Profilmaße
4101	07. 74	Geschweißte stählerne Straßenbrücken; Berechnung und bauliche Durchbildung
4132	02. 81	Kranbahnen; Stahltragwerke; Grundsätze für Berechnung, bauliche Durchbildung und Ausführung
	02. 81	Beiblatt Erläuterungen
4212	01. 86	Kranbahnen aus Stahlbeton und Spannbeton; Berechnung und Ausführung
15018 T1	11. 84	Krane; Grundsätze für Stahltragwerke; Berechnung
T2	11. 84	Krane; Stahltragwerke; Grundsätze für die bauliche Durchbildung und Ausführung
T3	11. 84	Krane; Grundsätze für Stahltragwerke; Berechnung von Fahrzeugkranen

Vorschriften der Deutschen Bundesbahn

DS 804	01. 83	Vorschrift für Eisenbahnbrücken und sonstige Ingenieurbauwerke (VEI)

Weitere DIN-Blätter siehe „Führer durch die Baunormung"; aufgestellt vom Normenausschuß Bauwesen (NABau) im DIN Deutsches Institut für Normung e.V.
Alleinverkauf durch Beuth Verlag GmbH, Postfach 11 45 – 1000 Berlin 30.

---

[1] Vgl. auch Teil 1, Seite 207; Teil 2, Seite 250; Teil 3, Seite 215.

Baustatik in Beispielen und Aufgaben

Eine Sammlung von 306 durchgerechneten Beispielen sowie 272 Aufgaben mit Lösungshinweisen und Ergebnissen aus der Statik, Festigkeits- und Elastizitätslehre zur Berechnung von Bauwerken des Hoch- und Brückenbaues.

Teil 1   Kraftsysteme. Statisch bestimmte Tragwerke und Fachwerke. Belastungsannahmen
Zusammensetzung, Zerlegung und Gleichgewicht von Kräften ebener Kraftsysteme. Auflagerkräfte, Momente, Querkräfte und Längskräfte von statisch bestimmten Tragwerken. Zeichnerische und rechnerische Behandlung von Fachwerken. Lastermittlung bei Bauwerken.
7. Auflage 1984   208 Seiten

Teil 2   Festigkeitslehre
Zug- und Druckbeanspruchungen. Bestimmung von Schwerpunkten, Trägheits-, Zentrifugal- und Widerstandsmomenten. Gerade Biegung. Scher- und Schub-, Knickbeanspruchungen. Formänderungen bei Biegung. Doppelbiegung und schiefe Biegung. Außermittige Längskraft. Schubmittelpunkt. Torsion. Hauptspannungen.
5. Auflage 1984   252 Seiten

Teil 3   Statisch unbestimmte Tragwerke
Die Dreimomentengleichung für den Durchlaufträger mit konstantem und veränderlichem Trägheitsmoment einschließlich Stützensenkungen und Temperaturänderungen. Das Festpunkteverfahren. Das Kraftgrößen-Verfahren für einfach und für mehrfach unbestimmte Tragwerke. Statisch unbestimmte Fachwerke. Das Momentenausgleichsverfahren nach Cross für Durchlaufträger und Rahmen.
4. Auflage 1983   216 Seiten

Teil 3 a   Iterationsverfahren Kani
Das Iterationsverfahren nach Kani für Durchlaufträger, für unverschiebliche und für verschiebliche Rahmentragwerke. Unabhängige Überprüfung der Stabendmomente.
1. Auflage 1965 mit Nachdrucken   64 Seiten

Teil 4   Einflußlinien
Definition, Zweck und Auswertung von Einflußlinien. Lastaufstellungen. Einflußlinien und Grenzwerte für den Träger auf zwei Stützen. Einflußlinien für Träger mit Kragarmen, für Gelenkträger, für Dreigelenkbögen und -rahmen sowie für statisch bestimmte Fachwerke. Ermittlung von Einflußlinien für statisch unbestimmte Tragwerke nach verschiedenen Verfahren.
2. Auflage 1988   127 Seiten

Für die Studierenden des Bauwesens an den Hochschulen sind in diesem Werk alle wesentlichen Gesetze und wichtigen Berechnungsmethoden aus dem Gebiet der Baustatik, der Festigkeitslehre sowie der Elastizitätslehre zusammengestellt und ihre richtige und zweckdienliche Anwendung anhand von zahlreichen Beispielen erläutert. Zusätzliche Aufgaben mit Lösungshinweisen und Ergebnissen geben die Möglichkeit, den Wissensstand zu überprüfen und zu vertiefen.
Den in der Praxis stehenden Ingenieuren wird die Zusammenfassung aller wichtigen Formeln und Berechnungsverfahren sowie die Hinweise auf alle Vorschriften unter Angabe der neuesten Normenblätter und deren Erläuterungen eine wertvolle Hilfe sein und die vollständig durchgerechneten Beispiele werden ihnen auch bei nicht alltäglich vorkommenden Aufgaben ein schnelles Einarbeiten ermöglichen.